胖孩子
瘦身食谱

甘智荣 编著

甘肃科学技术出版社

图书在版编目（CIP）数据

胖孩子瘦身食谱 / 甘智荣编著. -- 兰州：甘肃科学技术出版社，2017.9
ISBN 978-7-5424-2114-2

Ⅰ.①胖… Ⅱ.①甘… Ⅲ.①儿童－减肥－食谱 Ⅳ.①TS972.161

中国版本图书馆CIP数据核字(2017)第229664号

胖孩子瘦身食谱
PANGHAIZI SHOUSHEN SHIPU

甘智荣　编著

出 版 人	王永生
责任编辑	韩波
封面设计	深圳市金版文化发展股份有限公司

出　　版	甘肃科学技术出版社
社　　址	兰州市读者大道568号　730030
网　　址	www.gskejipress.com
电　　话	0931-8774536（编辑部）　0931-8773237（发行部）
京东官方旗舰店	http://mall.jd.com/index-655807.btml

发　行	甘肃科学技术出版社	印　刷	深圳市雅佳图印刷有限公司
开　本	720mm×1016mm　1/16	印　张	17　字　数　360千字
版　次	2018年1月第1版	印　次	2018年1月第1次印刷
印　数	1～6000		
书　号	ISBN 978-7-5424-2114-2		
定　价	39.80元		

图书若有破损、缺页可随时与本社联系：0755-82443738
本书所有内容经作者同意授权，并许可使用
未经同意，不得以任何形式复制转载

序言

现在的胖孩子越来越多,看起来虽然可爱,但是肥胖及其并发症对儿童生长发育、体质、运动、智能、社交、心理等各方面均能造成不同程度的危害,严重威胁其生存质量。许多健康问题会伴随着儿童肥胖出现,真可谓,"一胖带千愁"。但是,长胖容易减肥难,让胖孩子减肥真是太难了!小孩子自制力有限,对于肥胖的理解也有限。多数妈妈为了让胖宝减肥使出十八般武艺,不仅孩子的体重下不去,妈妈还成了孩子眼中的"大恶人"。到底怎么才能让胖孩子科学减肥呢?成年人的方法适用于儿童吗?

那么,请带着这样问题的读者和本书编者、肥胖儿童科学减肥的专家一起来梳理一下关于儿童"减肥"的那些事儿吧:

1. 孩子为什么会胖呢?

"胖子都是吃出来的"是绝大多数家长的观点。的确,大部分的肥胖都与饮食有关,能量摄入超过消耗是引起肥胖的主要原因。同时某些内分泌疾病往往可能是引起儿童肥胖的元凶。比如:甲状腺功能低下、下丘脑、垂体功能异常,肾上腺皮质功能亢进等。因此,孩子出现不明原因的肥胖时,家长们应该及时就医,寻求专业咨询及帮助。

2. 请按WTO的标准判断您家孩子是否属于肥胖?

儿童肥胖症的标准一般指体重超过同性别、同年龄健康儿或同身高健康儿平均体重的2个标准差;或超过同年龄、同性别平均体重的20%。

WTO正常儿童体重估计公式
年龄体重(kg)
1~6岁:年龄(岁)×2+8
7~12岁:[年龄(岁)×7-5]/2

3. 胖孩子需要减肥吗?

几乎所有的家长都认为"胖了就应该减肥",但对于尚处于生长发育期的儿童而言,减肥并不适用,并会带来更多的健康问题。因此"体重控制"是儿童"减肥"的最佳办法,即在孩子身高长高的同时控制体重的增长——身体长高了，体重并未增加，孩子自然就瘦下来了。

4. 孩子减肥还能愉快的吃肉肉吗？

肉类往往被认为是引起肥胖的元凶，不少家长认为要控制孩子体重就必须减少肉类食物。然而，正处于生长发育期的儿童对蛋白质及锌等微量元素的需求量大于成人，而这些营养物质多来自于肉类食物。因此，盲目减少肉类摄入量不仅不能良好控制体重，更有可能会引起营养不良等健康问题。

本书重点详细介绍了胖孩子瘦身减肥的各种食疗方法，包括：怎样预防孩子的肥胖？胖孩子瘦身的饮食调养、怎样为孩子选对减肥食材？不同年龄段孩子的健康减肥餐、胖孩子可以"享瘦"的减肥蔬果汁等，旨在饮食调养方面，为广大家长读者们提供胖孩子瘦身减肥的健康科学食谱。

目录

PART 1 胖孩子瘦身，刻不容缓

2　亲，你家宝贝是否过胖
2　一、胖孩子判断标准
3　二、"小胖墩"解密
5　避免孩子肥胖，预防是关键
5　一、肥胖对孩子的危害
9　二、怎样预防孩子肥胖
10　三、肥胖孩子应做哪些检查
11　让孩子在吃喝玩乐中瘦下来
11　一、管住嘴：合理控制进食
14　二、迈开腿：坚持适当运动
15　三、忌用药：慎重使用药物

PART 2 1～3岁 瘦身计划

18　1～3岁孩子所需营养与饮食规划
18　一、发育情况
19　二、每日营养需求
19　三、科学瘦身饮食原则
20　四、瘦身美食

早餐

- 20　白菜焖面糊
- 21　桑葚粥
- 22　山药南瓜粥
- 23　香蕉燕麦粥
- 24　木耳黑豆浆
- 25　苹果香蕉豆浆
- 26　莴笋绿豆豆浆
- 27　黑豆玉米窝头
- 28　鸡肉白菜饺
- 29　西葫芦蛋饺
- 30　苋菜饼
- 31　杨桃甜橙木瓜沙拉
- 32　蚝油西兰花苹果树
- 33　彩蛋黄瓜卷
- 34　慈姑炒芹菜
- 35　胡萝卜炒菠菜
- 36　炝炒生菜
- 37　海带拌腐竹
- 38　蒜蓉佛手瓜
- 39　蒜蓉油麦菜
- 40　蒜香蒸南瓜

午餐

- 41　猪血山药汤
- 42　白菜肉卷
- 43　豉油蒸鲤鱼
- 44　豆腐蒸鹌鹑蛋
- 45　酿冬瓜
- 46　清蒸石斑鱼片
- 47　冬瓜烧香菇
- 48　酱茄子
- 49　芦笋扒冬瓜
- 50　肉末炒木耳
- 51　蒜苗炒莴笋
- 52　蒜蓉豌豆苗
- 53　西红柿炒冬瓜
- 54　西芹炒南瓜
- 55　小白菜炒黄豆芽
- 56　慈姑花菜汤
- 57　番石榴排骨汤
- 58　黄鱼蛤蜊汤
- 59　马蹄海带玉米须汤
- 60　木耳丝瓜汤
- 61　薏米冬瓜鲫鱼汤

晚餐

- 62 嫩豆腐稀饭
- 63 山药南瓜羹
- 64 马齿苋瘦肉粥
- 65 苹果胡萝卜麦片粥
- 66 苋菜炒饭
- 67 芋香紫菜饭
- 68 肉末西红柿煮面片
- 69 慈姑炒藕片
- 70 胡萝卜丝炒包菜
- 71 鸡蛋炒豆渣
- 72 茭白炒鸡蛋
- 73 芦笋炒莲藕
- 74 马齿苋炒黄豆芽
- 75 油麦菜烧豆腐
- 76 香菇扒生菜
- 77 醋香蒸茄子
- 78 黄瓜酿肉
- 79 枸杞拌菠菜
- 80 凉拌嫩芹菜
- 81 冬瓜皮瘦肉汤
- 82 莲子心冬瓜汤

- 83 五、瘦身运动
- 85 六、按摩瘦身

PART 3
4~6岁 瘦身计划

- 88 4~6岁孩子所需营养与饮食规划
- 88 一、发育情况
- 89 二、每日营养需求
- 89 三、科学瘦身饮食原则
- 90 四、瘦身美食

早餐

- 90　火龙果豆浆
- 91　荞麦山楂豆浆
- 92　海藻绿豆粥
- 93　牛肉萝卜粥
- 94　芝麻玉米豆浆
- 95　菠菜月牙饼
- 96　鸡蛋豆腐饼
- 97　黑米杂粮小窝头
- 98　胡萝卜青菜饭卷
- 99　鸡丝荞麦面
- 100　金针菇面
- 101　排骨汤面
- 102　冬笋炒枸杞叶
- 103　荷兰豆炒胡萝卜
- 104　芦笋金针菇
- 105　上海青扒鲜蘑
- 106　素炒海带结
- 107　芝麻香煎西葫芦
- 108　蒜蓉西葫芦
- 109　紫甘蓝拌杂菜
- 110　石榴火龙果盅

午餐

- 111　白灵菇炒鸡丁
- 112　巴旦木仁炒西芹
- 113　彩椒茄子
- 114　炒素丁
- 115　胡萝卜炒牛肉
- 116　胡萝卜炒杏鲍菇
- 117　芦笋鲜蘑菇炒肉丝
- 118　奶香口蘑烧花菜
- 119　肉末空心菜
- 120　西葫芦炒鸡丝
- 121　西蓝花炒双耳
- 122　银耳炒肉丝
- 123　鸡汤肉丸炖白菜
- 124　金麦酿苦瓜
- 125　美味生鱼馅饼
- 126　带鱼南瓜汤
- 127　冬瓜红豆汤
- 128　海藻莴笋叶汤
- 129　黄鱼蔬菜汤
- 130　苦瓜鱼片汤
- 131　香菇白萝卜汤

晚餐

- 132 红豆薏米饭
- 133 红米海苔肉松饭团
- 134 茼蒿萝卜干炒饭
- 135 洋葱鲑鱼炖饭
- 136 绿豆荞麦燕麦粥
- 137 苹果玉米粥
- 138 银鱼豆腐面
- 139 草菇花菜炒肉丝
- 140 马蹄炒肉片
- 141 肉末炒青菜
- 142 丝瓜马蹄炒木耳
- 143 素鸡炒菠菜
- 144 莴笋炒茭白
- 145 西蓝花炒什蔬
- 146 西芹炒虾仁
- 147 银耳枸杞炒鸡蛋
- 148 土豆炖南瓜
- 149 黄瓜腐竹汤
- 150 金针菇白玉汤
- 151 芹菜叶香菇粉丝汤
- 152 西红柿洋葱汤

153 五、瘦身运动

155 六、按摩瘦身

PART 4
7岁以上 瘦身计划

158 7岁以上孩子所需营养与饮食规划
- 158 一、发育情况
- 159 二、每日营养需求
- 159 三、科学瘦身饮食原则
- 160 四、瘦身美食

早餐

- 160　红豆黑米豆浆
- 161　橘柚豆浆
- 162　虾皮紫菜豆浆
- 163　玉米枸杞豆浆
- 164　栗子小米粥
- 165　山药乌鸡粥
- 166　双米银耳粥
- 167　豆渣鸡蛋饼
- 168　蛤蜊鸡蛋饼
- 169　西葫芦玉米饼
- 170　芹菜叶蛋饼
- 171　山药脆饼
- 172　紫甘蓝萝卜丝饼
- 173　荞麦凉面
- 174　艾叶煮鸡蛋
- 175　粉皮拌荷包蛋
- 176　白萝卜丝炒黄豆芽
- 177　枸杞芹菜炒香菇
- 178　黄瓜里脊片
- 179　家常小炒黄瓜
- 180　西红柿炒丝瓜
- 181　芝麻莴笋
- 182　凉拌马齿苋

午餐

- 183　白菜炒菌菇
- 184　炒黄花菜
- 185　花菜炒鸡片
- 186　黄豆芽炒莴笋
- 187　韭黄炒牡蛎
- 188　茄汁香煎三文鱼
- 189　芹菜烧豆腐
- 190　清炒秀珍菇
- 191　双菇炒苦瓜
- 192　蒜薹木耳炒肉丝
- 193　西瓜翠衣炒鸡蛋
- 194　西芹木耳炒虾仁
- 195　雪梨炒鸡片
- 196　海带拌豆苗
- 197　菠菜豆腐汤
- 198　菠萝苦瓜鸡块汤
- 199　橄榄白萝卜排骨汤
- 200　山楂黑豆瘦肉汤
- 201　香菇白菜黄豆汤
- 202　竹荪冬瓜豆腐丸子汤
- 203　竹荪薏米排骨汤

晚餐

- 204　鲫鱼薏米粥
- 205　砂锅鱼片粥
- 206　芥菜鸡肉炒饭
- 207　绿豆薏米饭
- 208　茼蒿饭
- 209　鱼肉蒸糕
- 210　荞麦猫耳面
- 211　白菜梗拌胡萝卜丝
- 212　萝卜缨拌豆腐
- 213　紫甘蓝拌茭白
- 214　菠菜炒香菇
- 215　马蹄炒荷兰豆
- 216　丝瓜炒蛤蜊
- 217　素炒藕片
- 218　胡萝卜炒口蘑
- 219　西葫芦炒鸡蛋
- 220　腐皮菠菜卷
- 221　芦笋煨冬瓜
- 222　芙蓉竹荪汤
- 223　金针菇瘦肉汤
- 224　萝卜瘦身汤

- 225　五、瘦身运动
- 227　六、按摩瘦身

PART 5
喝一喝：甜蜜与"享瘦"共赢

- 230　美味蔬果汁助力孩子减肥
- 230　一、怎么选择蔬果
- 231　二、"甜蜜"蔬果汁
- 231　三、贴心小叮咛

蔬果汁

232　菠萝柠檬汁
233　菠萝苹果汁
234　猕猴桃菠萝汁
235　鲜榨菠萝汁
236　雪梨菠萝汁
237　冬瓜菠萝汁
238　橙子汁
239　柑橘山楂饮
240　芹菜胡萝卜柑橘汁
241　橘柚汁
242　金橘柠檬苦瓜汁
243　胡萝卜山楂汁
244　番荔枝木瓜汁
245　番石榴西芹汁
246　番石榴汁

247　黄瓜苹果酸奶汁
248　黄瓜苹果纤体饮
249　黄瓜芹菜雪梨汁
250　蓝莓雪梨汁
251　雪梨汁
252　芦荟猕猴桃汁
253　芦笋西红柿汁
254　西瓜汁
255　西红柿菠菜汁
256　西红柿冬瓜橙汁
257　西红柿汁
258　紫甘蓝包菜汁
259　芹菜梨汁
260　人参果黄瓜汁

PART 1
胖孩子瘦身，刻不容缓

孩子肥胖，好吗？答案自然不言而喻。在健康理念日益深入人心的今天，很多人更是对"胖"这个字眼避之不及。曾几何时，为了让孩子多吃饭而煞费苦心，看见孩子长胖而欣喜不已。可如今，孩子日益肥胖的身体，又让你开始发愁。"胖者多疾"，肥胖对孩子的健康危害很大。

亲，你家宝贝是否过胖

许多家长在将自己的小孩与别家小孩做比较的时候，往往只关注于孩子的身高，认为个头越高越好，这样看起来比较健康，但你是否忽略了孩子的体重呢？当孩子的身体变得越来越"壮实"时，你是否才开始意识到家中出现了一个"小胖墩"呢？

一、胖孩子判断标准

孩子是胖是瘦，每个家长心里应该都有一个大致的判断。但如果想要更准确地判断孩子是否肥胖，家长可参考以下两种方法。

1.BMI（身体质量指数）法

BMI=体重（千克）/身高的平方（平方米），即千克÷平方米。

BMI值评估表

年龄（岁）	正常		肥胖（BMI≥）	
	男孩	女孩	男孩	女孩
2	17.7	17.3	19.0	18.3
3	17.7	17.2	19.1	18.5
4	17.7	17.1	19.3	18.6
5	17.7	17.1	19.4	18.9
6	17.9	17.2	19.7	19.1
7	18.6	18.0	21.2	20.3
8	19.3	18.8	22.0	21.0
9	19.7	19.3	22.5	21.6
10	20.3	20.1	22.9	22.3
11	21.0	20.9	23.5	23.1
12	21.5	21.6	24.2	23.9
13	22.2	22.2	24.8	24.6
14	22.7	22.7	25.2	25.1
15	23.1	22.7	25.5	25.3
16	23.4	22.7	25.6	25.3
17	23.6	22.7	25.6	25.3
18	23.7	22.7	25.6	25.3

2. 身高（H）体重（W）指数法

身高体重指数简称为重高指数，重高指数=体重（千克）/身高（厘米）/重高常数。

重高常数表

年龄（岁）	正常		年龄（岁）	肥胖 (BMI≥)	
	男孩	女孩		男孩	女孩
3	0.150	0.142	11	0.225	0.232
4	0.154	0.149	12	0.248	0.250
5	0.161	0.155	13	0.270	0.277
6	0.169	0.165	14	0.294	0.286
7	0.177	0.171	15	0.309	0.297
8	0.188	0.183	16	0.325	0.302
9	0.200	0.192	17	0.333	0.299
10	0.212	0.210	18	0.342	0.308

重高指数表

重高指数	体重状况
< 0.80	瘦弱
0.80 ~ 0.89	过轻
0.90 ~ 1.09	正常
1.10 ~ 1.19	超重
> 1.2	肥胖

由于每个孩子的身高体重都不一样，现举例说明：

张太太的儿子小杰今年11岁，身高1.4米，体重50千克，小杰是否属于肥胖儿童呢？

按照BMI法，小杰的BIM=50/1.42=25.5，查表可知11岁男孩的BMI值大于等于23.5为肥胖；按照身高体重指数法，小杰的重高指数=50/140/0.225=1.59，大大超过了肥胖的界限。由这两种方法的计算结果，我们不难发现，小杰是时候要减减肥了。

二、"小胖墩"解密

为什么很多"小胖墩"在出生时体重明明还非常瘦，但一长到五六岁，就像"发酵"的面团一样膨胀起来了呢？究竟是什么原因导致孩子越来越胖？

1. 遗传因素

遗传在孩子的生长发育中起着重要的作用。遗传因素不仅影响着骨骼系统的发育，而且还控制着身体的能量消耗，决定着从脂肪中消耗热量的多少。

2. 饮食不当

营养丰富平衡的膳食能促进孩子的生长发育，但如果经常食用高热量、高脂肪、高蛋白质和低膳食纤维的食物，就会使孩子长期营养失衡，导致肥胖。此外，孩子长期挑食、偏食，膳食中缺乏微量元素，家长对孩子的过度喂养等都会造成孩子肥胖。

3. 缺乏运动

如今的孩子很少参加户外活动或体能运动，有些甚至基本不参加，这样在很大程度上限制了孩子体能的消耗，再加上营养和能量摄入过剩，导致脂肪越积越多。

4. 心理因素

不少孩子在精神压力大的时候，会选择进食大量食物，以此来缓解紧张，获取心理上的安慰或补偿。这种并非出于机体正常营养需要的进食行为，同样会使孩子肥胖。

避免孩子肥胖，预防是关键

所谓"胖者多疾"，儿童期的肥胖，除了影响孩子的体型，不利于免疫功能、智力及身心发育外，还会造成成人期的高血压、冠心病、糖尿病等一系列疾病，给孩子的健康埋下危险的"种子"。避免成为"小胖墩"，相对于治疗来说，预防显然更胜一等，而防止孩子体重过度的增加远比减肥重要得多。

一、肥胖对孩子的危害

孩子胖嘟嘟的是不是让人觉得很可爱，总想上前捏一捏他们肉肉的小脸蛋呢？可惜好景不长，当他们逐渐长大之后，恐怕就再也可爱不起来了。更糟糕的是，孩子的健康也受到了一定程度的影响。

1. 肥胖影响孩子的身体健康

肥胖是孩子健康的宿敌，它不仅对孩子的生长发育百弊而无一利，对孩子成年后的健康也是危害甚大。儿童肥胖发生的年龄越小，肥胖病史越长，造成的代谢障碍就越严重，成年后患糖尿病、高血压、冠心病、痛风等疾病的危险性就越大。无论是儿童时期还是成年后，肥胖都是一个不容忽视的健康问题。

2. 肥胖对生长发育的影响

很多家长都有这样一种观念，我的孩子虽然胖一点，但也说明了孩子营养好啊，营养好就有利于孩子的生长发育。其实这种观念是错误的，儿童肥胖不仅不利于孩子的生长发育，相反还会带来一系列的问题。

免疫功能低下——免疫功能是人体抵抗疾病的能力。肥胖儿童的机体免疫功能比正常孩子低，尤以细胞活性明显降低较为显著，因而容易患感染性疾病。

此外，肥胖儿童常有食欲不振、营养摄取不足等问题，而营养素的缺乏会影响各种免疫球蛋白的合成以及正常的解毒功能，这样又会进一步降低自身免疫力，使免疫功能出现问题。

骨骼发育异常——孩子正处在生长发育最旺盛的时期，骨骼中含有机物的比例大，受力易弯曲变形。肥胖孩子的体重若超标太多，就会加重下肢尤其是下肢支撑关节的负担。下肢长期超负荷，极易造成弓形腿和平足。此外，有些肥胖儿童还伴有挑食、偏食的坏习惯，喜欢吃含高脂肪、高糖类的食物，导致营养来源单一，很容易出现与生长发育有关的蛋白质、无机盐、维生素和微量元素的缺乏。蛋白质是人体各组织细胞生长更新的必需原料，蛋白质供给不足，就会影响孩子身高的增长；而钙和维生素D的缺乏，易引起骨和关节的变形，形成X形腿、O形腿。

影响孩子智力发育——肥胖儿童脑部脂肪含量过多，脂肪堆积挤压脑沟回，使大脑皮质沟回变浅，间隙变窄，容易形成"肥胖脑"，从而导致思维、反应迟钝，想象力、记忆力变差，严重影响孩子的智力。

性发育异常——每个孩子到青春期时，脑垂体会产生和分泌一定量的促性腺激素。但肥胖孩子到青春期后，大脑垂体细胞被脂肪细胞所代替，造成性激素分泌紊乱，性腺发育异常。男孩可能出现性器官发育不良、性发育滞后，女孩则可能出现性早熟，进而导致成年后性无能或生育障碍等。青春期是儿童性发育的关键时期，因此，儿童肥胖必须引起家长的重视，注意孩子的身体发育情况，接受科学、合理的减肥指导，以保证孩子能够进入正常的青春发育期。

3. 肥胖让孩子饱受疾病"纠缠"

相信没有哪个父母愿意看见自己的孩子长成一个小胖子，但在现实生活中，肥胖儿童却日益增多。其实大部分儿童肥胖原本是可以预防的，但由于家长不了解或不重视那些可能导致儿童肥胖的高危因素，或在孩子体重刚超标时，没有及时采取干预措施，最终造成童肥胖。肥胖导致许多成人疾病提早出现在孩子身上，让孩子饱受疾病"纠缠"。

1 动脉硬化从童年开始——很多人会认为，动脉粥样硬化与冠心病多见于中老年人，让孩子从小预防未免为时过早。其实，动脉粥样硬化正是从儿童时期就开始发生病理改变。肥胖者体内的血清胆固醇、三酰甘油、低密度脂蛋白水平升高，高密度脂蛋白浓度降低，血液黏稠度增加，血流变缓，从而使动脉粥样硬化和冠心病的发病率明显增高。肥胖儿童的血管与心脏可谓是危机四伏，把孩子喂成小胖子，这种爱的方式一旦过了头可就糟糕了。

2 高脂血症提前来报到——儿童生长期如果过于肥胖，其血脂会比同龄人升高得更快，因而发生冠心病、高血压、脑血管疾病的可能性也要比正常人来得早。如果普通人在四五十岁患有这类疾病的话，肥胖儿童可能在二十几岁甚至是十几岁就有可能发生。

3 血压居高不下——高血压对人体的危害不言而喻，轻则头晕、乏力、胸痛、心悸等，重则影响心、脑、肾的功能，出现视力障碍、抽搐、昏迷等一系列症状，最终还会导致身体脏器功能的衰竭。肥胖儿童身体体积增大，代谢总量和身体耗氧量增加，致使心脏负担明显加重，血压也随之上升。他们患高血压的概率是正常体重孩子的 2～6 倍，且随肥胖程度的加重，患高血压的风险就越大。

4 胆结石要留心——我们都知道，肥胖会增加成年人患胆结石的风险，但更让人出乎意料的是，在肥胖孩子当中，同样也存在着这样的隐患。有的小儿胆结石患者会表现出厌食、腹胀、消化不良等症状，情况严重者还有可能出现寒颤、发热、腹痛等症状。肥胖症儿童如果出现了腹痛、消化不良、厌油腻食物等症状，父母切不可轻易忽视，应及时带孩子去医院检查，以免被误认为是一般性消化不良。

5 脂肪肝也来凑热闹——约有 50% 的肥胖者并发有脂肪肝，这其中就有不少小胖子。肥胖儿童糖类及脂肪摄入过多，肝脏脂肪酸的来源自然也就极为充足，那些没有被肝细胞作为能源利用的脂肪酸就会合成为中性脂肪。当中性脂肪的合成量大大超过了载脂蛋白的运输能力时，运不走的脂肪就会沉积在肝细胞内。因此，在孩子体重直线上升的同时，肝脏也开始"发胖"。

6　消化系统有麻烦——肥胖儿童消化系统疾病的患病率是15%，明显高于正常儿童(4%)。为了减少儿童肥胖所带来的危害，家长要针对孩子的身体状况制定科学合理的饮食、运动方案，让孩子远离肥胖。

7　糖尿病尾随其后——肥胖是导致儿童患Ⅱ型糖尿病的最主要原因。肥胖儿童普遍存在高胰岛素血症，为维持糖代谢的需要，长期被迫分泌大量胰岛素，最终导致胰岛素分泌异常，从而诱发糖尿病。儿童肥胖发生的年龄越小，日后患糖尿病的概率就越大。家长要从小注意预防，千万不能让肥胖与糖尿病为伍，影响孩子的健康。

4. 肥胖影响儿童心理健康

与正常体重的小孩相比，肥胖儿童可能存在怕热、嗜睡、嘴馋、爱吃零食、不爱运动等习惯。他们往往由于动作较笨拙、反应较缓慢而经常被小伙伴们取笑，且容易成为被排挤的对象。因而，肥胖孩子相较于正常体重的小孩来说，也就更容易产生孤独感和自卑感。而这些对于孩子身心的健康发展都是非常不利的，久而久之，甚至还可能导致孩子抑郁、自卑，缺乏自信心，对人际关系敏感，社会适应能力差。因此，家长在帮助孩子减肥的同时，千万不能忽视了孩子的心理健康，要多和孩子沟通交流，努力消除孩子可能产生的心理障碍。

二、怎样预防孩子肥胖

我们都知道，减肥不是一件轻而易举就能成功的事，它需要更多的耐心和坚持，而预防孩子肥胖，从源头上消除那些可能导致肥胖的因素，相对于减肥来说，就显得较为容易和有效了。对儿童肥胖的预防要从小抓起，预防得越早越好，特别是要把握好三个最容易导致孩子肥胖的关键时期：

1. 胎儿末期

胎儿末期即母亲妊娠的后三个月，此时胎儿正处在快速生长阶段，如果营养过剩，就会引起胎儿体内脂肪细胞增大，脂肪数目增多。为了妈妈和宝宝的健康，准妈妈的每日膳食应该是营养充足、均衡且适量的，同时要保证食物种类的多样化，从瘦肉、鱼类、蛋类、蔬果中摄取优质蛋白、维生素等营养物质，切勿大量进食高热量食物。此外，还应定期进行产前检查，以便及时发现问题，调整营养方案，避免让孩子一出生就加入先天性肥胖的队伍。

2. 婴儿期

这里所说的婴儿期主要是指婴儿从出生后到一岁左右的时间段。一岁以内的婴儿体重和身高增长最为迅速，是肥胖发生的高峰期。这一时期，预防婴儿肥胖最有效的途径是母乳喂养。母乳营养丰富易吸收，且其蛋白质、脂肪和糖类的比例适当，是最理想的适合婴儿食用的天然食物。人工喂养的婴儿，在出生后3个月内应避免过早地喂食淀粉类食物，代乳品的摄入量也不宜过多。特别是在6～8个月时更应注意，对于较胖的宝宝要适当减少喂奶量，多添加新鲜蔬菜和水果摄入量。

3. 青春发育期

青春期，既是发胖危险期，也是预防肥胖的关键期。处于这一时期的青少年新陈代谢旺盛，食欲往往也很好，如果进食过多，尤其是高热量的饮食摄入过多而活动量又很少的话，入大于出，过剩的能量转化为脂肪，就会造成肥胖。因此，预防青春期肥胖关键在于注意饮食上营养素的平衡搭配，遵循少糖、少油，保证蛋白质和多食蔬果的膳食原则，应进食含优质蛋白、维生素、矿物质丰富的食物，如鱼、禽、蛋类、蔬菜、水果类，少吃脂肪含量多的食物。

此外，还应适当增加活动量，改变在电脑或电视机前久坐的习惯，不熬夜，保证充足的睡眠；家长要鼓励孩子多做家务，多参加体育锻炼，积极主动地预防肥胖的发生。

三、肥胖孩子应做哪些检查

当父母发现孩子与同龄孩子相比较为肥胖、体态较臃肿的时候，应及时带孩子去医院进行详细检查。首先要判断孩子是否属于单纯性肥胖病，以排除病理性肥胖的可能；然后具体了解孩子的肥胖程度，如果属于中重度肥胖，家长应引起高度重视，因为中度及以上的肥胖往往伴有许多并发症，如高血压、脂代谢紊乱、脂肪肝、肝功能异常等，对孩子的成长及健康危害较大。

通常，在完成身高、体重、血压等一般项目的检查后，还需检查颈部、腋下、腹股沟处的皮肤是否发黑，触摸肝脏是否肿大。然后再进行一系列实验室检查，如肝脏B超、肝功能、血脂系列、空腹血糖、胰岛素、生长激素、甲状腺激素测定等，以检测有无并发症的存在。

让孩子在吃喝玩乐中瘦下来

在各种减肥方法大行其道的今天,如何成功使孩子减肥,着实令不少家长举棋不定。有的家长奉行魔鬼式节食,有的让孩子参加减肥夏令营,有的则提倡高强度的运动……总之,不仅孩子受罪,家长也是苦不堪言。姑且不论最终有无效果,单是这般辛苦,又有几个孩子能坚持下来呢?更何况,错误的减肥方式,不仅达不到理想的效果,反而会损害孩子的健康。其实,儿童减肥根本无需如此辛苦。在他们生活方式尚未固定的情况下,很容易受到外界影响,因而可塑性也较强,完全可以通过控制饮食和适量运动,在吃喝玩乐中,轻松甩掉身上的小肥肉。

一、管住嘴:合理控制进食

儿童减肥有别于成人,最好的减肥方法就是以饮食调理为主,以科学的运动为辅。那么,怎样科学、合理地安排日常饮食,才能既保障孩子每日所需能量供给,又能改善孩子肥胖的症状呢?

1. 合理饮食

为了保证肥胖儿童在减肥过程中的基本热量和营养素供给,日常饮食应以三低一高为主,即吃低热量、低脂肪、低糖类和高蛋白的食物。

一般,每日总热量应控制在 1000～1800 千卡(1 千卡 ≈ 4.186 千焦),对于 7～15 岁的肥胖孩子,还需要根据他们各自的年龄、性别、身高等实际情况来决定。在日常饮食中,关键是要做到主副食搭配、粗细粮搭配,适当地增加一些粗粮,如小米、玉米、燕麦等,绝不能不吃主食或主食单一。孩子的生长发育离不开蛋白质,家长要给孩子一定量的高蛋白食品,如瘦肉、鱼类、牛奶、鸡蛋、豆制品等,以保证蛋白质的供给量占总热量的 20%～25%。蔬果中含有丰富的维生素、矿物质和膳食纤维,家长要让孩子多吃新鲜蔬菜和水果。

肥胖孩子要尽量少吃或不吃高热量、高脂肪的食物，如各种糖果、糕点、巧克力、冷饮、蜜饯、肥肉、油炸食品等。另外，各种瓜子、核桃仁、松子仁、花生仁等零食的热量也特别高，是等质量米饭所含热量的3～5倍，肥胖孩子应少吃或不吃。

此外，改变进食的顺序，让孩子先吃蔬菜，再吃主食和肉类，也有助于孩子减肥。特别是在饭前半小时让孩子吃些水果，进餐前喝些汤，既可减少孩子就餐时的进食量，又不会有饥饿感。

调整饮食需要孩子与父母的共同配合，家长要激发孩子的主动性，不能强迫孩子限食或是一味地进行指责，以免引起孩子精神紧张或产生逆反心理。当孩子减肥取得一定成效时，要及时予以鼓励，增强孩子的自信心，让孩子在轻松愉快的氛围中减轻体重。

2. 健康减肥饮食原则

减肥不是盲目地限制孩子吃饭，关键要用头脑想办法让孩子吃对、吃好。父母在帮助孩子减肥的时候，应遵循以下几个原则：

★ 吃饭细嚼慢咽

有的家长会认为孩子吃饭太慢是他们不好好吃饭的表现，因此总是催促他们快点吃。其实，吃饭太快并不是一件值得鼓励的事。进食太快，许多食物还没有经过充分咀嚼就吞咽下去，会加快胃和肠道排空的速度，刺激进食中枢，产生食欲；而细嚼慢咽则有助于孩子细细品尝食物，并提高孩子对饥饿的忍耐性和食欲敏感性，找到吃饭的自然停止点，从而避免饮食过量。

★ 多吃纤维素食物

膳食纤维能减慢胃排空的速度，延缓蛋白质、脂肪及糖类的消化吸收，使人产生饱腹感，从而减少食物的总摄入量，达到减重的目的。此外，膳食纤维还有助于降低肥胖儿童伴有高胰岛素血症和隐性糖尿病的发生率。家长要保证孩子每天摄取足够的膳食纤维，让孩子多吃蔬菜如芹菜、菠菜、菜花等，这些食物中都含有丰富的膳食纤维。

★ 饮食宜清淡少盐

一般来说，孩子的饮食应以清淡少盐为主，不吃或少吃烟熏、油腻、过咸及高热量、高脂肪食物。家长在烹制食物的时候，要尽量少煎炸、少加刺激性调味品，食物宜采用蒸、煮、炖或凉拌的方式烹调以减少用油量。

★ 多吃蔬菜水果

蔬菜水果中富含水分和膳食纤维，体积大而热量较低，既可补充维生素、矿物质等营养元素，又能满足孩子的食欲，在增强饱腹感的同时，降低热量的摄入量，对控制体重非常有利。

★ 早餐、中餐吃得好，晚餐吃得少

儿童和青少年白天的学习任务较重，活动量也大，因此早餐和中餐一定要吃好、吃饱，并摄入一定量的新鲜蔬果。早餐热量应占总热量的25%～30%，中餐占30%～35%。由于晚餐后人体所耗热量很少，因此要适当减少晚餐的进食量，晚餐吃得少且清淡。

★ 不挑食、偏食

孩子挑食、偏食，既不利于营养的摄入又对孩子的健康发育无益。孩子对食物不感兴趣，少吃，或只挑自己喜欢吃的食物，特别是小胖墩们往往偏爱吃甜食、肥肉、快餐等高热量食物，导致脂肪在体内蓄积过多，都容易引起肥胖。

★ 科学喝水

在治疗减肥过程中，饮水可加速体内毒素和代谢物的排泄，并能起到控制食欲的效果，但水并不是喝得越多越好，应科学合理饮水。家长给孩子喝水，最好是喝白开水，且要避免加入任何糖分或是用果汁、汽水等饮料来代替白开水。早上起来喝一杯水有助于唤醒身体机能，帮助肝脏和肾脏排毒，加速肠胃蠕动。吃饭前半小时喝少量的水，不但能够增加饱足感，起到控制食欲的效果，而且更有助于消化。下午喝水能够促进体内瘦素的分泌，增强肠道的消化机能，防止身体因为缺水而产生的虚假饥饿感，从而抑制住孩子想吃东西的欲望。此外，对于便秘的孩子，家长还可尝试将前夜的白开水与第二天新烧的白开水混合在一起给孩子喝，这样混合后的"阴阳水"能够促进胃肠的蠕动，帮助孩子更好地排出宿便，达到清肠的效果。

二、迈开腿：坚持适当运动

随着电子产品的普及和孩子课业负担的不断加重，孩子的运动量越来越少，即便饮食达到了健康均衡的标准，也难免有成为小胖墩的危险。因此，运动是帮助孩子减肥最有效的手段，但是，通常孩子减肥的毅力和自制力较差，为达到更好的减肥效果，家长的监督与共同参与很有必要。

1. 运动要因人而异

每个肥胖儿童用来减肥的运动方式都是不同的，要根据其年龄和身体状况，选择不同类型的运动项目。对于轻度肥胖的儿童可选择快走、慢跑、跳绳、骑自行车、打乒乓球等运动；体力较好的轻度肥胖儿童还可以选择游泳、跑步、登山等运动；但对于过度肥胖的孩子，刚开始可选择步行、太极等运动量小的运动，待适应后，再逐渐增加运动量。

2. 运动项目要符合儿童喜好

儿童减肥进行的运动主要以有氧运动为主，要尽量选择一些孩子平时喜欢的运动方式，在达到锻炼效果的同时兼顾趣味性。运动项目可主要以移动身体为主，如散步、游泳、踢球、跳绳、踢毽子、打乒乓球、接力跑、骑自行车和娱乐性比赛等，在运动过程中还可穿插一些游戏和小型比赛，以提高儿童参加体育运动的兴趣。

3. 运动强度要适中

不同年龄、不同体质的人运动强度应有所区别。一般来说，儿童宜选择运动强度适中的项目，且不能超过身体的承受范围。如果一味地让儿童进行高强度的体育锻炼，会造成肌肉和关节的拉伤或损伤。特别是肥胖儿童，由于自身体重大，心肺功能差，运动强度更不宜过大。

4. 运动时间安排要合理

肥胖儿童每周应锻炼3～5天，每天运动30分钟～2小时，连续坚持锻炼3个月。运动前宜进行10～15分钟的准备活动，运动后进行5～10分钟的整理活动。另外，选择运动的时机也很重要，进行同样一项运动，下午或晚上要比上午多消耗20%的热量。因此，家长可安排孩子放学后或晚上运动，特别是选择晚餐前的2小时运动比其他时间能更有效地减轻体重。

5. 培养孩子长期坚持运动的好习惯

家长一同参与，不仅能督促肥胖孩子坚持减肥运动，还能增进与孩子的感情，同时培养孩子长期运动的良好习惯，让孩子终身受益。

在肥胖儿童的日常生活中，还可以把扫地、拖地、擦桌子、洗碗、叠被子等这些简单的家务劳动作为锻炼的一部分让孩子"动起来"，这些家务劳动不仅可以起到运动身体的作用，而且有助于培养孩子的自理能力。

各类活动与能量消耗值表

运动项目（30分钟）	消耗能量（千卡）	运动项目（30分钟）	消耗能量（千卡）
睡眠	35	游泳	325
淋浴	100	跳轻柔舞	130~140
散步	130	打乒乓球	130
骑自行车	250	打网球	250
快速上楼	540	打高尔夫球	245
缓慢下楼	210	慢步上山	320
弹钢琴	70~80	快走	175
拉小提琴	85	快步上山	350
轻体力工作	125	重体力劳动	300

三、忌用药：慎重使用药物

虽然服用减肥药能达到一定的减肥效果，但是减肥药在产生疗效的同时，也会给身体带来许多副作用。特别是儿童正处于生长发育的关键时期，减肥还是应该以控制饮食和适当运动为主，一般禁止对儿童使用减肥药物和减肥食品。除非是重度肥胖并伴有严重并发症的儿童在尝试其他减肥方法无效的情况下，才可考虑适当使用减肥药物，而且一定要在医生的指导下，经过严格筛选慎重使用，切不可盲目选择减肥药物。

面对市面上五花八门的减肥药，如果在没有弄清其药物成分和作用原理的情况下就让孩子服用，可能会造成严重的不良后果。例如含有西布曲明的成人减肥药，有厌食、失眠、思维异常、血压升高等多达19种不良反应，如果给孩子食用，其副作用极大，会严重阻碍孩子生长发育并影响孩子的健康，家长千万不可自作主张给孩子吃减肥药。

PART 2
1~3岁 瘦身计划

很多家长认为宝宝胖胖的很可爱，但实际上，儿童肥胖可能会引发很多健康问题，肥胖婴儿容易患呼吸道感染、腿部骨骼变形、脂肪肝、性发育异常等，肥胖儿还容易患糖尿病、心脏病等疾病，还容易引起睡眠呼吸暂停综合征（打鼾），容易造成大脑缺氧，对智力发育有一定影响。儿童和幼儿，由于其心理、生理的特殊条件限制，使得很多高效的运动形式对他们来说并不适合，想要让孩子健康减肥就必须要合理安排饮食，下面我们来看看1~3岁的儿童应该如何安排饮食来达到减肥的效果吧。

1～3岁孩子所需营养与饮食规划

"宝宝胖嘟嘟的才健康",这可能是很多妈妈的共识。随着宝宝可以吃的食物越来越多,作为父母,自然尽可能多给宝宝吃"有营养"的东西。营养均衡、合理,是宝宝健康成长的基础,然而,营养过剩则对宝宝的健康不利。研究表明,在宝宝出生后的前3个月、1岁和11～13岁,是体内脂肪细胞增多的关键时期,如果摄入过多营养,则会引起小儿肥胖。在宝宝生理和智力发展的关键期1～3岁,父母应积极通过饮食合理控制宝宝的体重,为宝宝的健康成长保驾护航。

一、发育情况

宝宝出生后的最初3年,是其生长发育最快的时期。宝宝身体发育的四大指标——体重、身长、头围、胸围,是父母判断自己孩子是否健康的标准。通常,1周岁男宝宝的标准体重为9.1～11.3千克,女宝宝的标准体重为8.5～10.6千克;3周岁男宝宝标准体重为13.0～16.4千克,女宝宝的标准体重为12.6～16.1千克。如果宝宝的标准体重超过正常范围,家长则需要给宝宝控制体重了。

这个阶段,过早给宝宝喂食高热量的固体食物,或宝宝哭闹就喂食,都会使宝宝摄入过多的热量,脂肪细胞数量增多,造成小儿肥胖。这一时期,除了需要在饮食上帮助宝宝控制体重,还可以通过增加活动量来加大热量消耗。

二、每日营养需求

1~2岁宝宝每日营养需求

能量	1100 ~ 1200 千卡	蛋白质	10 微克
脂肪	总能量的30% ~ 35%	烟酸	0.9 微克
叶酸	150 微克叶酸当量	维生素 A	0.6 毫克
维生素 B_1	0.6 毫克	维生素 B_2	400 微克维生素 A 当量
维生素 B_6	0.5 毫克	维生素 B_{12}	6 毫克烟酸当量
维生素 C	60 毫克	维生素 D	35 ~ 40 克
维生素 E	4 毫克 α-生育酚当量	钙	600 毫克
铁	12 毫克	锌	9 毫克
镁	100 毫克	磷	450 毫克

3岁宝宝每日营养需求

能量	1300 ~ 1350 千卡	蛋白质	45 克
脂肪	总能量的30% ~ 35%	烟酸	6 毫克烟酸当量
叶酸	150 微克叶酸当量	维生素 A	400 微克维生素 A 当量
维生素 B_1	0.6 毫克	维生素 B_2	0.6 毫克
维生素 B_6	0.5 毫克	维生素 B_{12}	0.9 微克
维生素 C	60 毫克	维生素 D	10 微克
维生素 E	4 毫克 α-生育酚当量	钙	600 毫克
铁	12 毫克	锌	9 毫克
镁	100 毫克	磷	450 毫克

三、科学瘦身饮食原则

1 ~ 3岁是宝宝生长发育的关键时期，每日必须供给宝宝6种人体不可缺少的营养素：糖类、脂肪、蛋白质、维生素、矿物质和水。随着宝宝牙齿和消化道功能逐渐完善，孩子的饮食中可适量增加膳食纤维的供给。

1 ~ 3岁体重超标的宝宝，应多喂食低脂肪、低糖、低热量和高蛋白的食物，鼓励宝宝多吃纤维多且热量低的蔬菜。作为家长，给肥胖宝宝制作食物应尽量选择蒸、煮或凉拌的方式，以培养宝宝良好的饮食习惯，尽量不要让宝宝食用糖果、甜糕点、巧克力、膨化食品、肥肉和高糖饮料。值得注意的是，1 ~ 3岁也是孩子骨骼生长的重要阶段，给体重超标的宝宝补钙要多多留意，以免补钙过量而加重肥胖孩子心血管负担。

四、瘦身美食

 早餐

1~3岁宝宝的早餐要营养丰富，早餐占一天总热量的30%左右，肥胖孩子可以适当减少热量的摄入。宜选择糙米粉、荞麦面条等粗粮，或粗细粮搭配制成的食物，还应该适量食用鲜牛奶、豆浆、鸡蛋或水果。不过，这个阶段的宝宝消化能力有限，喂食粗粮不宜过多，以免影响宝宝对钙、铁、锌等营养成分的吸收。早餐不宜食用白面包、甜点、油饼、油条等食物。

白菜焖面糊

白菜热量低，富含丰富的纤维素，可刺激肠道、促消化，带动多余的脂肪排出体外；与富含蛋白质的鸡汤一同食用，可促进机体对蛋白质的吸收。

原料：
小白菜60克，泡软的面条150克，鸡汤220毫升

调料：
盐、生抽各少许

做法：
1. 将小白菜切碎，剁成粒，装入小碟中备用。泡软的面条切成段，备用。
2. 汤锅置于火上，倒入鸡汤，煮至汤汁沸腾，下入面条。
3. 用勺子搅散，煮至其七成熟，转小火，将小白菜倒入锅中。
4. 转大火，放盐、生抽，拌煮1分钟至食材熟透、入味。
5. 把煮好的面条盛出，装入汤碗即成。

桑葚粥

原料：

桑葚干6克，水发大米150克

桑葚富含膳食纤维，其所含的脂肪酸具有分解脂肪、降低血脂的作用。同时，桑葚还具有清肝明目、缓解眼睛干涩疲劳的作用，可有效保护宝宝的视力。

做法：

1. 砂锅中注入适量清水烧开，放入洗净的桑葚干。
2. 盖上盖，用大火煮15分钟，至其析出营养成分。
3. 揭开盖，捞出桑葚。
4. 倒入洗净的大米，搅散。
5. 盖上盖，烧开后用小火续煮30分钟，至食材熟透。
6. 揭开盖，把煮好的桑葚粥盛出，装入碗中即成。

山药南瓜粥

山药具有健脾益胃、促消化的功效。由于山药淀粉含量较多,肥胖幼儿在食用山药后应减主食的摄入量,控制总热量摄入,进而达到控制体重的目的。

原料:

山药85克,南瓜120克,水发大米120克,葱花少许

调料:

盐2克,鸡粉2克

做法:

1. 山药和南瓜分别洗净去皮,切成丁。
2. 砂锅中注水烧开,倒入大米,搅拌匀。
3. 盖上盖,煮30分钟,至大米熟软。
4. 揭盖,放入切好的南瓜、山药,拌匀。
5. 盖上盖,用小火煮至食材熟烂;揭盖,加入盐、鸡粉调味。
6. 将煮好的粥盛入碗中,撒上葱花即成。

香蕉燕麦粥

原料：

水发燕麦160克，香蕉120克，枸杞少许

燕麦含有丰富的蛋白质、B族维生素、纤维素、钙、磷、铁等营养成分；香蕉具有较好的通便、减脂效果。二者搭配食用，可促进小儿脂肪的代谢。

做法：

1. 将洗净的香蕉剥去果皮，把果肉切成片，改切成丁，备用。
2. 砂锅中注入适量清水烧热，倒入洗好的燕麦。
3. 盖上盖，烧开后用小火煮约30分钟至燕麦熟透。
4. 揭盖，倒入香蕉，放入枸杞，搅拌匀，用中火煮5分钟。
5. 关火后盛出煮好的燕麦粥即成。

木耳黑豆浆

木耳和黑豆均含有丰富的膳食纤维，可增强人体饱腹感，减少进食量，同时还能促进体内多余脂肪排出体外，故本品较为适合幼儿控制体重食用。

原料：
水发木耳8克，水发黑豆50克

做法：

1. 将浸泡好的黑豆倒入碗中，搓洗干净，沥干水分，备用。
2. 将洗好的黑豆、木耳倒入豆浆机中，注入适量清水。
3. 盖上豆浆机机头，选择"五谷"程序，开始打浆。
4. 待豆浆机运转约15分钟，将豆浆机断电，取下机头，滤取豆浆。
5. 将滤好的豆浆倒入杯中即成。

苹果香蕉豆浆

原料：

苹果30克，香蕉20克，水发黄豆50克

苹果是低热量的水果，其所含的营养成分容易被人体吸收利用，尤其是其富含的果胶，可促进人体内脂肪的排出；搭配香蕉制成豆浆食用，能增强宝宝抵抗力。

做法：

1. 洗净的苹果去核，切成小块；香蕉剥皮，切片，待用。
2. 将备好的黄豆搓洗干净，沥干水分。
3. 把黄豆、苹果、香蕉倒入豆浆机中，注入适量清水。
4. 盖上豆浆机机头，选择"五谷"程序，开始打浆。
5. 待豆浆机停运后断电，取下机头。
6. 把豆浆倒入滤网，滤取豆浆，即成。

莴笋绿豆豆浆

绿豆含有磷脂、维生素 B_1、维生素 B_2、叶酸等营养成分，制成豆浆更利于幼儿吸收其中的蛋白质；搭配莴笋同饮，具有较好的去脂、降胆固醇功效。

原料：

水发黄豆40克，水发绿豆50克，莴笋25克

做法：

1. 碗中倒入泡好的绿豆、黄豆，加入适量清水，用手搓洗干净。倒入滤网，沥干水分。
2. 把洗好的莴笋、黄豆、绿豆倒入豆浆机中，注入适量清水，至水位线即成。
3. 盖上豆浆机机头，选择"五谷"程序，再选择"开始"键，开始打浆。
4. 待豆浆机运转约15分钟，将豆浆机断电，取下机头，把煮好的豆浆倒入滤网，滤取豆浆。
5. 将过滤好的豆浆倒入杯中，用汤匙捞去浮沫；待稍微放凉后即可饮用。

黑豆玉米窝头

原料：
黑豆末200克，面粉400克，玉米粉200克，酵母6克

调料：
盐2克，食用油少许

做法：
1. 碗中倒入玉米粉、面粉、黑豆末、酵母、盐，搅拌匀。
2. 向碗中注入温水，拌匀，揉成面团，盖上干净毛巾，静置10分钟醒面。
3. 将醒好的面团搓至成长条，切成大小相等的小剂子。
4. 取蒸盘，刷上少许食用油。
5. 把剂子捏成锥子状，用手掏一个窝孔，制成窝头生坯；将生坯放入蒸盘。
6. 放入水温为30℃的蒸锅中，发酵15分钟；转大火蒸15分钟，取出，装盘。

鸡肉白菜饺

鸡肉含有的优质蛋白,很容易被人体吸收利用。白菜和芹菜中含有丰富的纤维素,既可促进脂肪的排泄,还具有温中益气、增强免疫力等功效。

做法:

1. 将所有食材洗净;芹菜切末;白菜切去根部,剁碎,装入碗中。
2. 白菜中加入盐,拌匀,挤出水分。
3. 将鸡肉末放入碗中,加入盐、鸡粉、生抽,倒入白菜、芹菜、生粉和芝麻油,制成肉馅。
4. 取饺子皮,放入适量肉馅,用蛋清封口,制成饺子生坯,装盘。
5. 锅中注水烧开,放入饺子生坯,搅匀。
6. 加食用油、盐、鸡粉,煮至饺子熟透后捞出,撒上葱花即成。

原料:

饺子皮170克,鸡肉60克,白菜75克,芹菜20克,鸡蛋清少许,葱花适量

调料:

盐、鸡粉、生抽各少许,生粉10克,芝麻油、食用油各适量

西葫芦蛋饺

原料：

西葫芦80克，竹笋70克，胡萝卜50克，鸡蛋2个，肉末50克，蒜末、葱花各少许

调料：

盐3克，生抽5毫升，芝麻油2毫升，鸡粉、食用油各适量

做法：

1. 将洗好的竹笋、胡萝卜、西葫芦切粒。
2. 开水锅中，放入竹笋、胡萝卜、西葫芦煮至断生，捞出。
3. 用油起锅，倒入肉末、蒜末，倒入焯好的食材，加入生抽、盐、鸡粉调味，淋入芝麻油，炒匀，盛出装碗。
4. 用油起锅，倒入备好的蛋液，煎成蛋皮后取适量馅料放入其中，蛋皮对折。
5. 煎至蛋皮成形，盛出，撒上葱花即成。

苋菜饼

苋菜所含的热量较低,是减肥餐桌的主角,常食苋菜可减肥瘦身。同时,苋菜中富含维生素、钙、铁等营养物质,可增强孩子免疫力,促进骨骼的生长发育。

原料:

面粉400克,鸡蛋120克,苋菜90克,葱花少许

调料:

盐3克,芝麻油、食用油各适量

做法:

1. 锅中注水烧开,倒入洗净的苋菜,煮约半分钟。将煮好的苋菜捞出,沥干水分,放凉后切成粒,备用。
2. 鸡蛋打入碗中,搅匀,放入备好的苋菜粒、葱花,依次加入面粉、盐、食用油,搅匀,制成面糊。
3. 煎锅中注入食用油,烧至四成热,倒入制好的面糊,摊成饼状,两面煎至熟透、呈金黄色,盛出。
4. 将煎好的苋菜饼切成小块,摆盘即成。

杨桃甜橙木瓜沙拉

原料：
木瓜200克，杨桃、橙子各100克，圣女果90克，柠檬60克

调料：
酸奶适量

做法：
1. 将洗净的杨桃、柠檬分别切片。
2. 洗净的圣女果对半切开。
3. 洗好去皮的木瓜切成片。
4. 洗净的橙子取出果肉，切小块。
5. 取一个大碗，倒入木瓜、橙肉、杨桃。
6. 放入切好的圣女果，加入酸奶。
7. 快速搅拌一会儿，至食材混合均匀。
8. 另取一个干净的盘子，盛入拌好的食材，摆放好。
9. 取柠檬片，挤出汁水，滴在盘中即成。

蚝油西兰花苹果树

西兰花含有B族维生素、维生素C、胡萝卜素、磷、铁等营养成分,有助于促进脂肪的代谢;西兰花还具有保护视力、健脑壮骨、补脾和胃、增强免疫力等功效。

做法:

1. 食材全部洗净,锅中注水烧热,加入食用油,放入西兰花,拌匀。
2. 加入黄瓜皮,搅匀,捞出焯好的食材。
3. 开水锅中,倒入紫菜,煮1分钟捞出。
4. 将焯煮好的食材装入碗中,加入蚝油、芝麻油,拌匀。
5. 黄瓜皮剪成树干的形状;西兰花切片,修成树冠形;樱桃切苹果形。
6. 取一个干净的盘子,摆上切好的食材,点缀上紫菜,呈苹果树状即成。

原料:

水发紫菜100克,西兰花60克,红樱桃30克,黄瓜皮少许

调料:

蚝油8克,芝麻油3毫升,食用油适量

彩蛋黄瓜卷

原料：
鸡蛋2个，彩椒50克，黄瓜条120克

调料：
盐1克，鸡粉2克，水淀粉、食用油各适量

做法：
1. 将洗好的黄瓜条削成薄片，洗好的彩椒切成丁。
2. 鸡蛋打入碗中，加入盐、鸡粉、水淀粉，搅匀，制成蛋液。
3. 用油起锅，放入彩椒，翻炒均匀。
4. 倒入蛋液，快速炒熟，盛出炒好的食材，装入碗中备用。
5. 取黄瓜片，卷成中空的卷，将炒好的食材填入黄瓜卷中。
6. 把制好的黄瓜卷摆入盘中即成。

慈姑炒芹菜

做法：

1. 慈姑切成片；芹菜切成段；彩椒去籽，切成小块。
2. 锅中注水烧开，放入盐、鸡粉；倒入彩椒、慈姑，搅匀，煮1分钟。
3. 将焯煮好的食材捞出，沥干，待用。
4. 用油起锅，倒入蒜末、葱段，爆香；放入芹菜、彩椒、慈姑，炒匀。
5. 加入少许盐、鸡粉，炒匀调味，倒入水淀粉，快速翻炒均匀。
6. 关火后盛出食材，装入盘中即成。

原料：

慈姑100克，芹菜100克，彩椒50克，蒜末、葱段各适量

调料：

盐1克，鸡粉4克，水淀粉4毫升，食用油适量

胡萝卜炒菠菜

原料：
菠菜180克，胡萝卜90克，蒜末少许

调料：
盐3克，鸡粉2克，食用油适量

做法：
1. 将洗净去皮的胡萝卜先切成片，再改切成细丝，备用。
2. 洗好的菠菜切去根部，再切成段。
3. 锅中注水烧开，放入盐，倒入备好的胡萝卜丝，搅拌均匀，煮至断生后捞出，备用。
4. 用油起锅，放入蒜末，爆香，倒入切好的菠菜，翻炒至其变软。
5. 放入备用的胡萝卜丝，翻炒匀，加入盐、鸡粉，炒匀调味。
6. 关火，盛出炒好的食材即成。

炝炒生菜

生菜中膳食纤维和维生素C较多,有利于消除体内多余的脂肪。另外,生菜中含有一种"干扰素诱生剂",可抑制病毒生长,增强孩子抵抗力。

原料:

生菜200克

调料:

盐2克,鸡粉2克,食用油适量

做法:

1. 将生菜洗净。
2. 生菜切成瓣,装入盘中,待用。
3. 锅中注入适量食用油,烧热。
4. 放入备好的生菜。
5. 将生菜快速翻炒至熟软。
6. 加入盐、鸡粉,炒匀调味。
7. 将炒好的生菜盛出,装入盘中即成。

海带拌腐竹

原料：
水发海带120克，胡萝卜25克，水发腐竹100克

调料：
盐2克，鸡粉少许，生抽4毫升，陈醋7毫升，芝麻油适量

做法：
1. 将全部食材洗净，腐竹切段，海带和胡萝卜分别切丝。
2. 锅中注水烧开，放入腐竹段，拌匀，煮至其断生后捞出，沥干；再倒入海带丝，煮熟后捞出，沥干。
3. 取一大碗，倒入焯过水的食材，撒上胡萝卜丝，拌匀。
4. 加入盐、鸡粉，淋入生抽、陈醋、芝麻油，搅拌至食材入味。
5. 将拌好的菜肴盛入盘中即成。

蒜蓉佛手瓜

佛手瓜营养丰富全面，钙含量较高，热量较低，脂肪含量较少，比较适合减肥期食用。另外，佛手瓜中含有较为丰富的锌，幼儿食用有助于其智力发育。

做法：

1. 将食材洗净；佛手瓜去除皮和核，再切片；彩椒去籽，切小块。
2. 锅中注入适量清水烧开，加入盐、食用油，倒入备好的佛手瓜、彩椒，拌匀。
3. 将煮好的食材捞出，沥干水分，备用。
4. 用油起锅，放入蒜末，爆香，倒入焯过水的食材，炒匀。
5. 加入盐、鸡粉、水淀粉，炒匀调味。
6. 关火后盛出食材，装入盘中即成。

原料：

佛手瓜230克，彩椒70克，蒜末少许

调料：

盐4克，鸡粉2克，水淀粉5毫升，食用油适量

蒜蓉油麦菜

原料：
油麦菜220克，蒜末少许

调料：
盐、鸡粉各2克，食用油少许

做法：
1. 将洗净的油麦菜切成段，备用。
2. 用油起锅，倒入蒜末，爆香。
3. 放入切好的油麦菜，用大火快炒。
4. 注入少许清水，炒匀。
5. 加入盐、鸡粉，大火快炒，至油麦菜入味。
6. 关火后盛出食材，装入盘中即成。

蒜香蒸南瓜

南瓜含有蛋白质、胡萝卜素、维生素、膳食纤维和钙、磷、钾等营养成分，能促进体内钠的排泄；南瓜还具有抑制脂肪吸收的作用；此道美食适合肥胖幼儿食用。

做法：

1. 洗净去皮的南瓜切厚片，装入盘中，摆放整齐。把蒜末装入碗中，放入盐、鸡粉、生抽、食用油、芝麻油，拌匀，调成味汁，浇在南瓜片上。
2. 把处理好的南瓜放入烧开的蒸锅中。
3. 盖上盖，用大火蒸8分钟，至南瓜熟透；揭盖，取出蒸好的南瓜。
4. 撒上备好的葱花、香菜点缀，浇上少许热油即成。

原料：

南瓜400克，蒜末25克，香菜、葱花各少许

调料：

盐2克，鸡粉2克，生抽4毫升，芝麻油2毫升，食用油适量

午餐

　　1~3岁宝宝的午餐可丰盛些，应占一天总热量的35%~40%。宜选择蛋白质含量高或富含膳食纤维的食物，如瘦肉、鱼类、豆制品及新鲜蔬菜等，既帮助宝宝控制热量摄入，还能补充蛋白质、维生素和钙。

猪血山药汤

原料：
猪血270克，山药70克，葱花少许

调料：
盐2克，胡椒粉少许

做法：
1. 洗净去皮的山药用斜刀切段，改切厚片，备用。
2. 洗好的猪血切小块，备用。
3. 锅中注入适量清水烧热，倒入猪血，拌匀，焯去污渍，捞出，沥干水分，待用。
4. 另起锅，注入适量清水烧开，倒入猪血、山药。
5. 盖上盖，烧开后用中小火煮约10分钟至食材熟透。
6. 揭开盖，加入盐，拌匀。
7. 关火，取一个汤碗，撒入胡椒粉，盛入锅中的汤料，点缀上葱花即成。

山药含有较为丰富的淀粉和纤维素，适量食用可增强饱腹感，促进脂肪的排出，起到去脂的作用；和猪血一同食用，可使宝宝耳聪目明，抗病能力更强。

白菜肉卷

鸡蛋含有较高的蛋白质；白菜热量低、水分含量高，且富含纤维素，能刺激肠道蠕动，可促进大便的排泄，加速多余脂肪排出体外，对幼儿控制体重有益。

做法：

1. 鸡蛋打入碗中，打散搅匀，制成蛋液。
2. 开水锅中，放入洗净的白菜叶，煮至菜叶变软，捞出，备用。
3. 取一大碗，放入肉末，加入盐、鸡粉、生抽、蛋液、面粉、芝麻油，搅拌，制成馅料。白菜叶放砧板上铺开，加入适量馅料。
4. 将白菜叶卷起，包成白菜卷生坯，放入烧热的蒸锅中。盖上盖，中火蒸约10分钟后取出，待稍微放凉后即成食用。

原料：
白菜叶75克，鸡蛋1个，肉末85克

调料：
盐1克，鸡粉2克，生抽2毫升，芝麻油、面粉各适量

豉油蒸鲤鱼

原料：

鲤鱼300克，姜片20克，葱条15克，彩椒丝、姜丝、葱丝各少许

调料：

盐3克，胡椒粉2克，蒸鱼豉油15毫升，食用油少许

做法：

1. 取一蒸盘，摆上葱条，放入洗净的鲤鱼，放上姜片。
2. 再均匀地撒上盐，腌渍一会儿。
3. 蒸锅上火烧开，揭开盖，放入蒸盘。
4. 用大火蒸约7分钟，至食材熟透，取出蒸好的鲤鱼。
5. 拣出姜片、葱条，撒上姜丝，放上彩椒丝、葱丝。
6. 撒上胡椒粉，浇上热油。
7. 最后淋入蒸鱼豉油即成。

豆腐蒸鹌鹑蛋

豆腐是高蛋白、低脂肪的食物；鹌鹑蛋也富含蛋白质，不但可补充幼儿对蛋白质的需求，食用后还能增加饱腹感，减少进食量，对控制体重有利。

做法：

1. 洗好的豆腐切成条形，熟鹌鹑蛋去皮，对半切开，待用。
2. 把豆腐装入蒸盘，挖小孔，再放入鹌鹑蛋，摆好，撒入盐和鸡粉。
3. 蒸锅上火烧热，放入蒸盘，盖上盖，蒸约5分钟后取出。
4. 用油起锅，倒入肉汤，加入生抽、鸡粉、盐和水淀粉，搅拌均匀，制成汤汁。
5. 关火后盛出汤汁，浇在豆腐上即成。

原料：

豆腐200克，熟鹌鹑蛋45克，肉汤100毫升

调料：

鸡粉2克，盐少许，生抽4毫升，水淀粉、食用油各适量

酿冬瓜

原料：

冬瓜350克，肉末100克，枸杞少许

调料：

盐、鸡粉各少许，水淀粉、食用油各适量

做法：

1. 去皮冬瓜切片，用模具压出花型，再用模具把冬瓜片中间挖空。
2. 将冬瓜片装入盘中，在挖空部分塞入肉末，再放上枸杞。
3. 把冬瓜片放入烧开的蒸锅中，用大火蒸3分钟至熟。
4. 用油起锅，倒入清水，放入盐、鸡粉，煮沸。
5. 倒入水淀粉，调成稠汁；把稠汁浇在酿冬瓜片上即成。

清蒸石斑鱼片

石斑鱼肉质细腻、营养丰富，富含蛋白质、维生素A、维生素D、钙、钾等营养成分，是一种低脂肪、高蛋白的食用鱼，非常适合需要控制体重的肥胖幼儿食用。

做法：

1. 将洗净的葱条切细丝，洗好的彩椒切细丝，备用。去皮洗净的姜块切成薄片，再切成细丝，备用。
2. 取一个蒸盘，放入备好的石斑鱼片，铺放整齐，待用。蒸锅上火烧开，放入蒸盘，盖上盖，中火蒸至鱼肉熟透。
3. 揭盖，取出蒸好的鱼片，趁热撒上葱丝、彩椒丝、姜丝。
4. 淋上蒸鱼豉油，即可食用。

原料：

石斑鱼片60克，葱条、彩椒、姜块各少许

调料：

蒸鱼豉油适量

冬瓜烧香菇

原料：

冬瓜200克，鲜香菇45克，姜片、葱段、蒜末各少许

调料：

盐2克，鸡粉2克，蚝油5克，水淀粉、食用油各适量

做法：

1. 冬瓜切成丁，香菇切小块，备用。
2. 开水锅中，倒入食用油、盐，将冬瓜、香菇焯煮片刻，捞出。
3. 炒锅注油烧热，放入姜片、葱段、蒜末，爆香；倒入焯过水的食材，快炒。
4. 注入清水，翻炒匀，加入盐、鸡粉、蚝油，用中火煮至食材入味。
5. 揭开锅盖，转大火收汁，倒入水淀粉。
6. 快速翻炒均匀，使食材更入味。
7. 关火后盛出炒好的菜肴即成。

酱茄子

茄子含有蛋白质、钙、磷、铁等成分,营养丰富,热量低,适宜在减肥期间食用。另外,茄子可促进蛋白质的合成,提高幼儿免疫力。

做法:

1. 将去皮洗净的茄子对半切开,切成小丁块,放在盘中,待用。
2. 用油起锅,倒入茄子丁,炒至稍变软。
3. 放入盐、鸡粉,淋上生抽,翻炒均匀,至茄子断生。
4. 再注入适量清水,使食材浸入水中。
5. 盖上盖子,煮沸后用小火续煮至茄子入味;揭盖,翻动食材,再放入沙拉酱。
6. 转中火炒匀,淋入少许水淀粉勾芡,制成酱茄子。关火后盛出菜肴即成。

原料:

茄子180克

调料:

盐2克,鸡粉少许,生抽3毫升,水淀粉、沙拉酱、食用油各适量

芦笋扒冬瓜

原料：
冬瓜肉140克，芦笋100克，高汤180毫升

调料：
盐2克，鸡粉2克，食用油、水淀粉各适量

做法：
1. 将冬瓜切条形，芦笋切长段，备用。
2. 用油起锅，倒入芦笋，炒匀；放入冬瓜、高汤，拌匀。
3. 加入盐、鸡粉，炒匀调味。
4. 盖上盖，烧开后用小火焖约10分钟。
5. 揭盖，将芦笋拣出，摆入盘中。
6. 淋入水淀粉，翻炒匀；盛出即成。

肉末炒木耳

水发木耳热量低、脂肪含量低；胡萝卜富含胡萝卜素、维生素B_1、维生素B_2和钙、铁、磷等营养成分。肥胖幼儿食用本品，可促进体内脂肪的代谢，还可保护视力。

做法：

1. 将洗净的胡萝卜、木耳分别切成粒。
2. 用油起锅，倒入肉末，炒至转色。
3. 淋入生抽，拌炒香，倒入备好的胡萝卜，炒匀。
4. 加入木耳和适量高汤，拌炒匀。
5. 加入盐，炒至锅中食材入味。
6. 把炒好的菜肴盛出，装入碗中即成。

原料：

肉末70克，水发木耳35克，胡萝卜40克

调料：

盐少许，生抽、高汤、食用油各适量

蒜苗炒莴笋

原料：

蒜苗50克，莴笋180克，彩椒50克

调料：

盐3克，鸡粉2克，生抽、水淀粉、食用油各适量

做法：

1. 将洗净的蒜苗切成段。
2. 洗好的彩椒切开，去籽，切成丝。
3. 将洗净去皮的莴笋切段，再切成片，改切成丝。
4. 锅中注水烧开，放入食用油、盐，倒入莴笋，煮至断生后捞出。
5. 用油起锅，放入蒜苗，炒香，倒入莴笋丝，翻炒片刻后下入彩椒。
6. 加入盐、鸡粉、生抽和水淀粉，炒匀至入味。将炒好的食材盛出，装盘即成。

蒜蓉豌豆苗

豌豆苗脂肪含量低，含有丰富的钙、B族维生素、维生素C，其中的B族维生素可促进脂肪、糖分的分解代谢。肥胖幼儿食用本品可促使体内脂肪的排出。

做法：

1. 锅中注入油烧热，倒入蒜末，爆香。
2. 放入洗净的豌豆苗，翻炒匀。
3. 加入盐、鸡粉。
4. 快速炒匀调味。
5. 关火后将炒好的豌豆苗盛出，装入盘中即成。

原料：

豌豆苗200克，蒜末适量

调料：

盐2克，鸡粉2克，食用油适量

西红柿炒冬瓜

原料：
西红柿100克，冬瓜260克，蒜末、葱花各少许

调料：
盐2克，鸡粉2克，食用油、水淀粉各适量

做法：
1. 冬瓜去皮、切成片，西红柿切成小块。
2. 锅中注水烧开，倒入切好的冬瓜，煮至其断生，捞出，沥干。
3. 用油起锅，放入蒜末，爆香，倒入西红柿、冬瓜，快速翻炒匀。
4. 加入盐、鸡粉、水淀粉，炒匀调味。
5. 盛出食材，装入盘中，撒上葱花即成。

西芹炒南瓜

南瓜热量含量低、糖类含量也较低，富含维生素和果胶，其中的果胶具有较好的黏附性；搭配富含纤维素的西芹一同食用，可带动多余的脂肪排出体外。

原料：

南瓜200克，西芹60克，蒜末、姜丝、葱末各少许

做法：

1. 将洗好的西芹去皮，切成小块；南瓜洗净去皮，切片。
2. 开水锅中，加入盐、鸡粉、食用油，下入南瓜，煮约1分钟。
3. 西芹倒入锅中，煮至断生，捞出焯好的食材，沥干水分。
4. 用油起锅，倒入蒜末、姜丝、葱末，爆香，倒入焯好的食材，翻炒片刻。
5. 加入盐、鸡粉、水淀粉，炒至食材入味。
6. 起锅，将炒好的菜肴盛入碗中即成。

调料：

盐2克，鸡粉3克，水淀粉、食用油各适量

小白菜炒黄豆芽

原料：
小白菜120克，黄豆芽70克，红椒25克，蒜末、葱段各少许

调料：
盐2克，鸡粉2克，水淀粉、食用油各适量

做法：
1. 将洗净的小白菜切成段；洗好的红椒切开，去籽，切成丝。
2. 用油起锅，放入蒜末爆香；下入黄豆芽，拌炒匀。
3. 放入小白菜、红椒，炒匀，至其熟软。
4. 加入盐、鸡粉，炒匀调味；再放入葱段、水淀粉，快速拌炒均匀，炒出葱香味。
5. 关火，将锅中炒好的菜肴盛出，装入盘中即成。

慈姑花菜汤

花菜是维生素C、类黄酮的良好来源；香菇热量低、纤维素含量高，食用后能加速脂肪的排泄。本品不仅对减肥有效，还对预防小儿感冒有较好的功效。

做法：

1. 食材洗净，慈姑去蒂，切片；花菜切小块；香菇切成片。将洗好的彩椒切开，去籽，切成小块，备用。
2. 锅中注水烧开，淋入食用油，加入盐、鸡粉。倒入切好的食材，拌匀，盖上盖，中火煮至食材熟透。
3. 揭开盖子，搅拌片刻。关火，将煮好的汤料盛入碗中，撒上葱花即成。

原料：

慈姑120克，鲜香菇50克，花菜200克，彩椒50克，葱花少许

调料：

盐2克，鸡粉2克，食用油适量

番石榴排骨汤

原料：

番石榴160克，排骨300克，姜片、葱花各少许

调料：

盐2克，鸡粉2克

做法：

1. 洗好的番石榴对半切开，再切成小块。
2. 锅中注入适量清水烧开，倒入洗净的排骨，搅拌匀，焯去血水。
3. 将排骨捞出，沥干水分，备用。
4. 砂锅中注入适量清水烧开，倒入焯过水的排骨，撒入姜片。
5. 盖上盖，用小火炖约20分钟。
6. 揭开盖，加入番石榴，搅匀；盖上盖，小火炖至食材熟透。
7. 加入盐、鸡粉调味，盛出煮好的汤料，撒上葱花即成。

黄鱼蛤蜊汤

黄鱼和蛤蜊均为高蛋白、低热量、低脂肪的食物,肥胖幼儿食用此汤,不仅可满足其对蛋白质的需求,还能控制体重。故可在减肥期间适量食用本品。

原料:

黄鱼400克,熟蛤蜊300克,西红柿100克,姜片少许

调料:

盐、鸡粉各2克,食用油适量

做法:

1. 将全部食材洗净,西红柿去除果皮,黄鱼切上花刀,熟蛤蜊取肉,备用。
2. 用油起锅,放入黄鱼,小火煎出香味。
3. 下姜片,注入适量温开水,用大火略煮片刻,倒入蛤蜊肉、西红柿。
4. 盖上盖,烧开后转小火煮至食材熟透。
5. 揭盖,加入盐、鸡粉,煮至食材入味。
6. 关火,盛出煮好的汤料即成。

马蹄海带玉米须汤

原料：

马蹄肉260克，海带结100克，玉米须少许

海带具有通行利水、祛脂降压等功效；而马蹄、玉米须同样也具有利水的作用；这三种食材热量、脂肪含量均较低，对控制体重有效。

做法：

1. 去皮洗好的马蹄肉对半切开，备用。
2. 锅中注入适量清水烧开，倒入马蹄肉。
3. 再放入海带结、玉米须，搅拌均匀。
4. 用小火煮约4分钟，撇去浮沫。
5. 转中火略煮一会儿，至食材熟透。
6. 关火后，将煮好的食材盛出，装碗即成。

木耳丝瓜汤

木耳水发后热量降低,且富含膳食纤维、铁等营养物质;玉米笋和丝瓜都是低热量的食物,不会影响体重控制。幼儿食用此菜肴,还有助于脑部发育。

做法:

1. 木耳、玉米笋分别切小块,丝瓜切段。
2. 将洗净的瘦肉切片,装入碗中,加盐、鸡粉、水淀粉和食用油,腌渍10分钟。
3. 锅中注水烧热,加入食用油,下姜片、木耳、丝瓜、胡萝卜和玉米笋,搅匀,加盐和鸡粉调味。
4. 盖上盖,中火煮约2分钟后倒入腌渍好的肉片,搅匀,大火煮沸。
5. 把煮好的汤料盛出,撒上葱花即成。

原料:

水发木耳40克,玉米笋65克,丝瓜150克,瘦肉200克,胡萝卜片、姜片、葱花各少许

调料:

盐3克,鸡粉3克,水淀粉2毫升,食用油适量

薏米冬瓜鲫鱼汤

原料：
鲫鱼块350克，冬瓜170克，水发薏米、姜片各适量

调料：
盐2克，鸡粉2克，食用油适量

做法：
1. 洗好的冬瓜去瓤，切块，备用。
2. 煎锅注油烧热，放入处理好的鲫鱼块，煎至两面金黄，盛出。
3. 取一个纱布袋，放入煎好的鲫鱼，系紧袋口，制成鱼袋，待用。
4. 砂锅中注水烧开，倒入备好的薏米、姜片、鱼袋和冬瓜。
5. 盖上盖，煮沸后转小火煮至食材熟透。
6. 揭开盖，加入盐、鸡粉，拌匀调味。
7. 稍煮片刻，拣出鱼袋，关火后盛出煮好的汤料即成。

晚餐

晚餐的热量摄入占一天总热量的30%左右，宜清淡，忌食过于肥腻、熏制、油炸以及难以消化的食物。晚餐后不宜给宝宝喂薯片、雪米饼、虾条、饼干等膨化食品，也不宜让宝宝吃完就睡。

嫩豆腐稀饭

原料：
豆腐90克，菠菜60克，秀珍菇30克，软饭170克

调料：
盐2克

做法：

1. 锅中注水烧开，放入豆腐，焯煮片刻，捞出，装入碗中。
2. 把洗净的秀珍菇、菠菜放入沸水锅中，烫煮至断生，捞出。
3. 将菠菜、秀珍菇、豆腐分别剁成末。
4. 汤锅注水烧开，倒入软饭，搅散，盖上盖，小火煮至米饭软烂。
5. 揭盖，倒入菠菜，搅拌一会儿，调成小火，加入豆腐，拌煮30秒。
6. 加入盐调味，关火后盛出煮好的稀饭即成。

大米含有丰富的B族维生素，具有健脾、聪耳明目、止渴、止泻等功效；配上富含蛋白质的豆腐做成稀饭，可满足幼儿的营养需求，还能促进脂肪的代谢。

山药南瓜羹

原料：
南瓜300克，山药120克

调料：
盐2克，鸡粉2克，食用油适量

做法：
1. 去皮洗好的山药、南瓜切成片。
2. 把切好的食材放入烧热的蒸锅中，盖上盖，大火蒸至熟透。
3. 揭开盖，取出蒸熟的食材，放凉。
4. 将山药和南瓜分别剁成泥状。
5. 锅中注水烧开，放入食用油、鸡粉、盐。
6. 倒入南瓜泥、山药泥，搅匀，煮至沸。
7. 盛出煮好的食材，装入碗中即成。

马齿苋瘦肉粥

此道美食热量低,脂肪含量也低,且容易消化吸收,不会增加幼儿发胖的风险,适量食用,能够满足幼儿生长发育中对蛋白质、钙、磷等营养素的需求。

原料:
马齿苋40克,瘦肉末70克,水发大米100克

调料:
盐2克,鸡粉2克

做法:

1. 洗好的马齿苋切碎,备用。
2. 砂锅中注水烧开,倒入洗好的大米,搅拌匀。
3. 盖上盖,用小火炖30分钟,至大米熟软;揭开盖,倒入瘦肉末。
4. 煮沸后倒入马齿苋,加入盐、鸡粉,拌匀调味。
5. 小火续煮片刻后,盛出煮好的粥即成。

苹果胡萝卜麦片粥

原料：

苹果150克，胡萝卜45克，麦片95克，牛奶200毫升

苹果含有B族维生素、维生素C及多种矿物质。它和麦片中都含有较多的纤维素，可促进肠胃蠕动，加速脂质的排泄，进而起到减脂、控制体重的效果。

做法：

1. 将去皮洗净的胡萝卜切成丁。
2. 洗好的苹果去核、去皮，把果肉切成小块，备用。
3. 砂锅中注水烧开，倒入切好的胡萝卜、苹果，拌匀。
4. 用大火煮一会儿，放入备好的麦片，转中火，煮至麦片熟软。
5. 撇去浮沫，倒入牛奶，煮出奶香味。
6. 关火后盛出麦片粥，装入碗中即成。

苋菜炒饭

苋菜热量低，糖类和脂肪含量均较低，常食能起到减肥轻身的作用。另外，苋菜中所含的钙容易被人体吸收利用，可促进幼儿牙齿和骨骼的生长。

做法：

1. 将洗净的苋菜切成小段，装盘，备用。
2. 用油起锅，放入蒜末，爆香。
3. 倒入备好的苋菜段，用勺快速翻炒，至其变软。
4. 倒入备好的米饭，炒匀、炒散，再加入盐，炒匀调味。
5. 淋入芝麻油，翻炒至食材熟软、入味。
6. 关火，盛出炒饭，装入盘中即成。

原料：

米饭200克，苋菜100克，蒜末少许

调料：

盐2克，芝麻油、食用油各适量

芋香紫菜饭

原料：
香芋100克，银鱼干150克，软饭200克，紫菜10克

调料：
盐2克

做法：
1. 将食材洗净。
2. 香芋去皮切片，银鱼干、紫菜切碎，分别装盘，备用。
3. 蒸锅烧热，放入装好盘的香芋，盖上盖，蒸约15分钟。
4. 揭盖，取出蒸熟的香芋，压成泥。
5. 汤锅注水烧开，倒入软饭，搅匀，放入银鱼干。
6. 盖上盖，小火煮至食材熟透；揭盖，依次倒入香芋、紫菜，拌匀。
7. 加入盐，拌匀调味，即可出锅。

肉末西红柿煮面片

西红柿是热量很低的减肥佳品,含有丰富的水分和膳食纤维,食用后不仅容易让人产生饱腹感,还可以促进体内代谢废物的排出,起到减脂瘦身的作用。

做法:

1. 洗净的西红柿切小瓣,备用。
2. 用油起锅,倒入肉末,炒至变色。
3. 放入西红柿、蒜末,炒匀炒香,注入适量清水,拌匀。
4. 盖上盖,中火煮约2分钟;揭盖,加入盐、鸡粉,下入面片,拌匀,煮至熟软。
5. 关火,盛出煮好的面片,点缀上茴香叶即成。

原料:

面片270克,肉末60克,西红柿75克,蒜末、茴香叶各少许

调料:

盐2克,鸡粉2克

慈姑炒藕片

原料：

慈姑130克，莲藕180克，彩椒50克，蒜末、葱段各少许

调料：

蚝油10克，鸡粉2克，盐2克，水淀粉5毫升，食用油适量

做法：

1. 将全部食材洗净，慈姑去蒂、切片，彩椒切小块，莲藕去皮、切片。
2. 锅中注水烧开，放盐、鸡粉、食用油，依次倒入莲藕、慈姑和彩椒。
3. 煮至全部食材断生后捞出，沥干水分，备用。
4. 用油起锅，倒入蒜末和葱段，爆香；放入焯过水的食材，炒匀。
5. 加蚝油、鸡粉、盐、水淀粉，炒入味。
6. 关火，将炒好的食材盛入盘中即成。

胡萝卜丝炒包菜

胡萝卜含有植物纤维,能增加饱腹感;搭配水分及维生素含量较高、热量较低的包菜一同食用,对肥胖婴幼儿减肥瘦身、补充营养有益。

原料:

胡萝卜150克,包菜200克,圆椒35克

调料:

盐、鸡粉各2克,食用油适量

做法:

1. 洗净去皮的胡萝卜切片,改切成丝;洗好的圆椒切细丝;洗净的包菜切去根部,再切粗丝,备用。
2. 用油起锅,倒入胡萝卜,炒匀。
3. 放入包菜、圆椒,炒匀。
4. 注入少许清水,炒至食材断生;加入盐、鸡粉,炒匀调味。
5. 关火后盛出炒好的菜肴即成。

鸡蛋炒豆渣

原料：
豆渣120克，彩椒35克，鸡蛋3个

调料：
盐、鸡粉各2克，食用油适量

做法：
1. 将洗净的彩椒切丁；鸡蛋打开，加入盐、鸡粉，调匀，制成蛋液。
2. 炒锅注油烧热，放入备好的豆渣，用小火快炒一会儿。待其水分炒干，盛出炒好的豆渣，放凉待用。
3. 用油起锅，倒入彩椒丁，加入盐、鸡粉，调味，炒香后盛出待用。
4. 另起锅，淋入食用油烧热，倒入蛋液，炒匀。
5. 倒入炒好的彩椒、豆渣，炒匀，关火盛出即成。

茭白炒鸡蛋

茭白含有糖类、维生素B_1和维生素E，且水分含量多，热量低，食用后有很好的饱足感，还能促进脂肪的代谢，起到减肥的作用。

做法：

1. 洗净去皮的茭白切片，鸡蛋打入碗中，放盐、鸡粉，打散。
2. 锅中注水烧开，加入盐、食用油，倒入茭白，煮至断生后捞出。
3. 炒锅注油烧热，倒入蛋液，炒熟，盛入碗中，锅底留油。倒入备好的茭白，翻炒片刻，放盐、鸡粉，调味。
4. 倒入炒好的鸡蛋，略炒几下，加葱花、水淀粉，翻炒匀。
5. 关火后盛出炒好的食材即成。

原料：

茭白200克，鸡蛋3个，葱花少许

调料：

盐3克，鸡粉3克，水淀粉5毫升，食用油适量

芦笋炒莲藕

原料：

芦笋100克，莲藕160克，胡萝卜45克，蒜末、葱段各少许

调料：

盐3克，鸡粉2克，水淀粉3毫升，食用油适量

做法：

1. 将食材洗净；芦笋去皮，切段；莲藕和胡萝卜分别切丁。
2. 锅中注水烧开，加入盐，放入藕丁、胡萝卜丁，煮至八成熟后捞出。
3. 用油起锅，放入蒜末、葱段，爆香。
4. 放入芦笋，倒入焯好的藕丁和胡萝卜丁，翻炒均匀。
5. 加入盐、鸡粉，倒入水淀粉，炒匀调味。
6. 关火，盛出炒好的菜即成。

马齿苋炒黄豆芽

马齿苋含有粗纤维、钙、磷等营养成分，且柠檬酸、苹果酸、氨基酸含量也较为丰富，可促进脂肪代谢。幼儿食用马齿苋，还可防治单纯性腹泻和百日咳。

原料：

马齿苋100克，黄豆芽100克，彩椒50克

调料：

盐2克，鸡粉2克，水淀粉4毫升，食用油适量

做法：

1. 将食材分别洗净，彩椒切成条，备用。
2. 锅中注水烧开，放入食用油，倒入黄豆芽，搅匀。
3. 放入彩椒，煮至断生，捞出焯好的食材，沥干水分。
4. 用油起锅，倒入马齿苋和焯过水的食材，翻炒片刻。
5. 加入盐、鸡粉，倒入水淀粉，炒匀调味。
6. 关火，盛出炒好的食材即成。

油麦菜烧豆腐

原料：
豆腐200克，油麦菜100克，蒜末少许

调料：
盐3克，鸡粉2克，生抽5毫升，水淀粉、食用油各适量

做法：
1. 将油麦菜切成段，豆腐切成小方块。
2. 锅中注水烧开，加入盐，倒入豆腐块，煮约半分钟后捞出。
3. 用油起锅，放入蒜末，爆香，下油麦菜，大火翻炒至其变软。
4. 倒入豆腐块，注入清水，煮至汤汁沸腾，再淋入生抽、盐、鸡粉，煮至食材熟软。
5. 大火收汁，倒入水淀粉，翻炒匀。
6. 关火，盛出锅中食材即成。

香菇扒生菜

香菇中含有嘌呤、胆碱、酪氨酸、氧化酶以及某些核酸物质，能起到降血压、降胆固醇、降血脂的作用，配合低脂的生菜同食，减肥效果明显。

做法：

1. 将生菜切开，香菇切小块，彩椒切粗丝。
2. 开水锅中，加入食用油，分别放入生菜、香菇，煮至断生，捞出，待用。
3. 用油起锅，倒入清水，放入香菇，加入盐、鸡粉、蚝油，淋入生抽，待汤汁沸腾，加入老抽，炒匀上色。
4. 再倒入水淀粉，至汤汁收浓关火待用。
5. 取一个盘子，将生菜摆好，盛出香菇浇在生菜上，撒上彩椒丝，摆好盘即成。

原料：

生菜400克，香菇70克，彩椒50克，姜片、蒜末各少许

调料：

盐3克，鸡粉2克，蚝油6克，老抽2毫升，生抽4毫升，水淀粉、食用油各适量

醋香蒸茄子

原料：
茄子200克，蒜末、葱花各少许

调料：
盐2克，生抽5毫升，陈醋5毫升，芝麻油2毫升，食用油适量

做法：
1. 茄子去皮，切成条，把切好的茄子放入盘中，摆放整齐。
2. 将蒜末倒入碗中，加盐、生抽、陈醋、芝麻油，拌匀，制成味汁，浇在茄子上。
3. 将茄子放入烧开的蒸锅中，盖上盖，用大火蒸10分钟至熟透；揭开盖，取出蒸好的茄子。
4. 趁热撒上葱花，浇上少许热油食用即成。

黄瓜酿肉

黄瓜水分含量高、热量低,具有利水利尿、清热解毒的功效;黄瓜还含有抑制糖分转化为脂肪的成分,与瘦肉搭配食用,可补充幼儿对优质蛋白的需求。

原料:

猪肉末150克,黄瓜200克,葱花少许

调料:

鸡粉2克,盐少许,生抽3毫升,生粉3克,水淀粉、食用油各适量

做法:

1. 洗净的黄瓜去皮、切段,制成黄瓜盅,装入盘中。
2. 在备好的肉末中加入鸡粉、盐、生抽、水淀粉,拌匀,腌渍片刻。
3. 锅中注水烧开,加入食用油,放入黄瓜盅,煮至断生后捞出。
4. 在黄瓜盅内抹上生粉,放入猪肉末,备用。蒸锅烧热,放入食材,蒸5分钟。
5. 取出蒸好的食材,撒上葱花即成。

枸杞拌菠菜

原料：
菠菜230克，枸杞20克，蒜末少许

调料：
盐2克，鸡粉2克，蚝油10克，芝麻油3毫升，食用油适量

做法：
1. 菠菜切去根部，再切成段。
2. 锅中注水烧开，淋入食用油，倒入枸杞，焯煮片刻。
3. 捞出焯煮好的枸杞，沥干水分，待用。
4. 把菠菜倒入沸水锅中，煮1分钟，至食材断生。
5. 捞出煮好的菠菜，沥干水分，备用。
6. 把菠菜倒入碗中，放入蒜末、枸杞。
7. 加入盐、鸡粉、蚝油、芝麻油，用筷子搅拌至食材入味。
8. 盛出拌好的食材，装入盘中即成。

凉拌嫩芹菜

芹菜水分和纤维素含量多，热量低，在咀嚼的过程中容易让人产生饱腹感。另外，芹菜还富含一种可以使脂肪快速分解的化学物质，适合作为减肥食品食用。

原料：

芹菜80克，胡萝卜30克，蒜末、葱花各少许

做法：

1. 将全部食材洗净，芹菜切小段，胡萝卜切成细丝。
2. 锅中注水烧开，放入食用油、盐，再下入胡萝卜丝、芹菜段。待全部食材煮至断生后捞出，沥干水分，备用。
3. 把沥干水的食材装入碗中，依次加入盐、鸡粉、蒜末、葱花、芝麻油，搅拌至食材入味。
4. 将拌好的食材装在碗中即成。

调料：

盐3克，鸡粉少许，芝麻油5毫升，食用油适量

冬瓜皮瘦肉汤

原料：

猪瘦肉200克，冬瓜皮30克，枸杞8克，葱花少许

调料：

盐、鸡粉各少许

做法：

1. 将洗净的猪瘦肉切成丁，倒入开水锅中，焯去血渍，捞出，沥干水分。
2. 砂锅中注水烧开，放入洗净的冬瓜皮、枸杞和焯过水的瘦肉丁，拌匀。
3. 盖上盖，煮沸后转小火煲煮至食材熟透；揭盖，加入盐、鸡粉调味，搅匀。
4. 转中火，略煮片刻，至汤汁入味。
5. 关火，盛出汤料，撒上葱花即成。

莲子心冬瓜汤

冬瓜含有蛋白质、粗纤维、胡萝卜素、烟酸等成分,可以抑制人体内的糖分转化为脂肪。莲子心味苦,可促进热量消耗,进而起到减脂的作用。

原料:

冬瓜300克,莲子心6克

调料:

盐2克,食用油少许

做法:

1. 洗净的冬瓜去皮,切成小块,备用。
2. 砂锅中注入适量清水烧开,放入冬瓜、莲子心。
3. 盖上盖子,烧开后用小火煮20分钟,至食材熟透。
4. 揭盖,放入盐,拌匀调味。
5. 加入食用油,拌匀。
6. 将煮好的汤料盛出,装入碗中即成。

五、瘦身运动

> **1 岁宝宝运动：主被动操**
> **运动效果**：主被动操不仅能够帮助肥胖宝宝摆脱多余的脂肪，强健宝宝的身体，还能提升幼儿大脑能力的发展，预防婴儿感觉综合失调现象的发生。另外，在主被动操的学习和练习过程中还可以增进父母与婴幼儿的情感。

运动步骤：

1. 起坐运动

动作要领：让宝宝仰卧在床上，妈妈将宝宝双臂拉向胸前，双手距离与肩同宽，轻轻拉引宝宝使其背部离开床面，让宝宝顺着妈妈的牵引坐起来。每组动作可重复 5 次。

2. 提腿运动

动作要领：宝宝俯卧，妈妈双手握住其双腿，将宝宝双腿向上抬起成推车状，反复 5 次。

随着宝宝越来越大，可让宝宝尝试着用双手支撑起头部。注意观察宝宝的反应。

3. 跳跃运动

动作要领：宝宝和妈妈面对面站立，妈妈用双手扶住宝宝腋下，把宝宝托起稍稍离开地面，反复 5 次。鼓励宝宝双腿用力，使其自主地轻轻跃起。

4. 竞走运动

动作要领：妈妈与宝宝同站在起跑线上，将妈妈的双脚用绳子限制住，使其每次只能挪动一脚宽的距离，爸爸扶住宝宝腋下或牵其前臂跟随宝宝的步伐前进。竞走长度从 20 米开始，随着宝宝的成长，可逐渐增加运动量。

5. 弯腰运动

动作要领：在地毯上放一个宝宝喜欢的玩具。宝宝背对妈妈站立，妈妈右手扶住宝宝双膝，左手扶住宝宝腹部，让宝宝弯腰前倾捡起玩具。每组运动可重复动作 5 次。注意：宝宝过饱或过饥都不宜做操，动作要慢而稳，同时要警惕宝宝在做操的时候有其他自主动作，防止摔伤。

2岁宝宝运动：采蘑菇

运动效果：通过运动增加孩子的活动量，消耗热量，同时还可训练孩子走和蹲的动作，培养孩子的耐心和毅力。

运动步骤：

1. 准备一个提篮，将彩色硬纸板剪成的蘑菇散落在地上。
2. 取出一个玩具小兔，告诉宝宝"小兔子饿了"，让他为小兔子采一些蘑菇。
3. 让孩子提篮子拾蘑菇，再走回父母身边来。

注意：蘑菇不要太多，不要让孩子蹲过长的时间；蘑菇放得不要太集中，让孩子在采蘑菇时四处找找，训练孩子的观察力；家长可以和孩子一起拾蘑菇，增加孩子的兴趣。

3岁宝宝运动：睡觉起床拳

运动效果：通过日常动作的模拟，达到寓教于乐的活动效果，还能让宝宝积极地动起来。

1. 本游戏包括"睡觉""起床""刷牙""洗脸"四种拳式。
2. 四种拳式动作介绍：

睡觉拳：将头斜向左（或右）边，双手手掌合并置于左（或右）脸颊的外侧。

起床拳：双手握拳，向上直举。

刷牙拳：右手（或左手）做拿牙刷状，然后在嘴巴前面做刷牙动作。

洗脸拳：双手手掌五指并拢、手肘打弯，举至脸前面，顺时针画圆圈做出洗脸动作。

运动步骤：

首先，游戏一开始，双方猜拳，赢的一方有优先"喊拳"的资格。

其次，双方在彼此轮流"喊拳"的过程中，如果有一方所出的拳式跟对方所喊的拳式相同，就算输。

注意：妈妈要耐心讲解游戏规则，直到宝宝真正弄懂为止。游戏时要调动宝宝的积极性，适当加快"喊拳"的速度。

六、按摩瘦身

腹部按摩有很多好处,除了可强身健体、增强消化系统功能外,还可以加快脂肪代谢。下面介绍一种腹部按摩方法。

1. 一只手按住宝宝的脚踝,稳住脚;另一只手的手掌抹上按摩油,按顺时针方向转圈轻轻按摩宝宝的肚子。重复动作3~4次。

2. 手背稍微弯曲,按水平方向按摩宝宝阴部到下肋骨之间的部位,从一侧到另一侧依次按摩。持续约20秒。

3. 从宝宝身体的左侧髋骨部与最低肋骨之间向下,并横过肚脐下方,双手轮换按摩。每侧各重复几次。

4. 重复第一个动作,在宝宝腹部顺时针转圈按摩,扩大圆圈的范围至肚脐耻骨的地方。用手掌或用中指和食指集中力度地按摩。这时,宝宝可能会尿尿或大便,这是正常现象,因为此处有膀胱和结肠。

腹部按摩必须要等宝宝的脐部愈合以后才能进行;按摩时不要太用力,以免让宝宝的肠胃和膀胱感到不适。

PART 3
4~6岁 瘦身计划

4~6岁的孩子正处于生长发育期,如果减肥方式方法不恰当,不但不能让孩子恢复健康体质,相反,还会影响孩子体格发育和智力发育,造成严重后果!所以要想孩子养成健康的饮食和生活习惯,爸爸妈妈一定要起模范带头作用,让孩子养成好的饮食习惯,减肥也就事半功倍了。

4～6岁孩子所需营养与饮食规划

4～6岁，在医学上称为学龄前期。通常，孩子到了6岁，开始长恒牙，咀嚼和消化吸收能力已经基本上接近成人。尽管这一阶段的孩子生长发育速度较婴幼儿期有所减缓，但活动量增大，所需的热量较多，营养需求量仍然相对较高。另外，在日常生活中，由于饮食习惯不当，4～6岁的孩子容易养成挑食、偏食、吃零食的习惯，于是，在这一阶段肥胖体征表现会更加明显。因此，家长除了要供给孩子充足的营养外，还需要培养孩子健康的饮食、生活习惯，鼓励孩子多进行体育运动。

一、发育情况

4～6岁的孩子与外界的接触日益增多，语言、智力、动手能力进一步提高，但生长速度趋于平稳。在体格方面，4岁男童的标准体重为14.8～18.7千克，女童的标准体重为14.3～18.3千克；5岁男童的标准体重为16.6～21.1千克，女童的标准体重为15.7～20.4千克；6岁男童的标准体重为18.4～23.6千克，女童的标准体重为17.3～22.9千克。

5岁是孩子容易发胖的年龄，饮食不规律、偏食、爱吃甜食、爱喝甜饮料以及缺乏锻炼都是引起这个阶段孩子肥胖的因素。家长可鼓励孩子多进行运动锻炼，如做体操、踢足球、游泳等。不过，由于这个时期孩子大小肌肉的发育仍待完善，所以动作缺乏稳健性、容易疲劳，宜为孩子选择短跑、跳跃等运动，还应劳逸结合，避免过度疲劳。

二、每日营养需求

4~5岁宝宝每日营养需求

能量	1400 ~ 1450 千卡	蛋白质	50 克
脂肪	总能量的 30% ~ 35%	烟酸	7 毫克烟酸当量
叶酸	200 微克叶酸当量	维生素 A	500 微克维生素 A 当量
维生素 B_1	0.7 毫克	维生素 B_2	0.7 毫克
维生素 B_6	0.6 毫克	维生素 B_{12}	1.2 微克
维生素 C	70 毫克	维生素 D	10 毫克
维生素 E	5 毫克 α-生育酚当量	钙	800 毫克
铁	12 毫克	锌	12 毫克
镁	150 毫克	磷	500 毫克

5~6岁宝宝每日营养需求

能量	1600 ~ 1700 千卡	蛋白质	55 克
脂肪	总能量的 30% ~ 35%	烟酸	7 毫克烟酸当量
叶酸	200 微克叶酸当量	维生素 A	500 微克维生素 A 当量
维生素 B_1	0.7 毫克	维生素 B_2	0.7 毫克
维生素 B_6	0.6 毫克	维生素 B_{12}	1.2 微克
维生素 C	70 毫克	维生素 D	10 毫克
维生素 E	5 毫克 α-生育酚当量	钙	800 毫克
铁	12 毫克	锌	12 毫克
镁	150 毫克	磷	500 毫克

三、科学瘦身饮食原则

4 ~ 6 岁肥胖孩子的膳食种类宜丰富多样，应增加蛋白质、维生素和钙、锌等微量元素的摄入，建议多食用鱼类、瘦肉、豆类、蔬菜、水果等食物，不宜过多选择高热量、高脂肪、高糖、高胆固醇的食物。

此外，在这一阶段，要合理控制孩子体重，还需培养孩子健康的饮食习惯。父母要合理安排孩子的一日三餐，让孩子定时进餐，并控制进餐量，引导孩子细嚼慢咽，放慢吃饭的速度，帮助孩子提高对饥饿的忍耐性和对食物的敏感性。饭前不给孩子吃糖果、膨化食品等零食。

四、瘦身美食

 早餐

早餐宜粗细搭配，增加富含蛋白质和维生素 B_1 的食物，如豆类、禽蛋类、牛奶和全谷类食物，其中鲜牛奶除了含有丰富的蛋白质和钙以外，脂肪含量也较高，所以宜给肥胖孩子选择低脂牛奶。另外，早餐还可适当吃些蔬菜、水果，使营养摄入更均衡。

火龙果豆浆

火龙果含有维生素 B_2、维生素C、铁等营养成分，可改善贫血、促进新陈代谢；搭配黄豆制成豆浆饮用，可促进肥胖儿童体内脂肪的代谢。

原料：

水发黄豆60克，火龙果肉30克

做法：

1. 将已浸泡好的黄豆倒入碗中，注入适量清水搓洗干净，沥干水分，备用。
2. 将备好的黄豆、火龙果肉倒入豆浆机，注入适量清水，至水位线即可。
3. 盖上豆浆机机头，选择"五谷"程序，再选择"开始"键，开始打浆。
4. 待豆浆机停止运转后，断电，取下豆浆机机头。
5. 把煮好的豆浆倒入滤网，滤取豆浆。
6. 将过滤好的豆浆倒入碗中即成。

荞麦山楂豆浆

原料：

水发黄豆60克，荞麦10克，鲜山楂30克

山楂是药食两用的果实，有健脾开胃、消食化滞的功效；搭配含蛋白质及膳食纤维丰富的黄豆及荞麦食用，既能补充营养，又能减肥瘦身。

做法：

1. 将洗净切好的山楂、黄豆、荞麦倒入豆浆机中，注水至水位线。
2. 盖上豆浆机机头，选择"五谷"程序，再选择"开始"键，开始打浆。
3. 待豆浆机运转约15分钟，即成豆浆。
4. 将豆浆机断电，取下机头。
5. 把煮好的豆浆倒入滤网，滤取。
6. 将滤好的豆浆倒入杯中即成。

海藻绿豆粥

绿豆含有蛋白质、膳食纤维、维生素E、烟酸等营养成分,有解毒、利尿之效,能够帮助排出身体多余水分;搭配海藻食用,还可增强幼儿的免疫力。

原料:

水发大米150克,水发绿豆100克,水发海藻90克

调料:

盐少许

做法:

1. 将泡好的大米、绿豆分别洗净,海藻洗净切小段。
2. 砂锅中注入适量清水烧开,倒入绿豆、大米,快速搅拌匀,使食材散开。
3. 盖上盖,煮沸后用小火煲煮约60分钟,至米粒变软。揭盖,撒上海藻,搅拌匀;转中火续煮片刻,至食材熟透。
4. 加入盐,拌煮一会儿,使米粥入味。
5. 关火,盛出煮好的绿豆粥,装入汤碗中,待稍微放凉后即可食用。

牛肉萝卜粥

原料：
牛肉75克，白萝卜120克，胡萝卜70克，水发大米95克，姜片、葱花各少许

调料：
盐、鸡粉各适量

做法：

1. 洗净去皮的胡萝卜、白萝卜分别切丁；洗好的牛肉切小块，用刀轻轻剁几下。
2. 锅中注入适量清水烧开，倒入切好的牛肉，搅匀，氽去血水，捞出牛肉，沥干水分，待用。
3. 锅中注入适量清水烧开，倒入牛肉，再倒入备好的大米，搅拌均匀。
4. 放入胡萝卜、白萝卜，撒上少许姜片，盖上锅盖，烧开后用小火煮约40分钟至食材熟软。
5. 揭开锅盖，加入适量盐、鸡粉，搅匀调味；关火后盛出粥，撒上葱花即可。

芝麻玉米豆浆

玉米是一种纤维含量较高的粗粮,适量进食可缓解便秘;在此道美食中,搭配黑芝麻及黄豆,能够补充玉米欠缺的人体必需氨基酸。

原料:

黑芝麻25克,玉米粒40克,水发黄豆45克

做法:

1. 把黑芝麻、玉米粒倒入豆浆机中,倒入洗净的黄豆。
2. 注入适量清水,至水位线即可。
3. 盖上豆浆机机头,选择"五谷"程序,再选择"开始"键,开始打浆。
4. 待豆浆机运转约20分钟,即成。
5. 将豆浆机断电,取下机头,把煮好的豆浆倒入滤网,滤取豆浆。
6. 再将滤好的豆浆倒入碗中即可饮用。

菠菜月牙饼

原料：
菠菜120克，鸡蛋2个，面粉90克，虾皮30克，葱花少许

调料：
芝麻油3毫升，盐、食用油各适量

做法：
1. 择洗干净的菠菜切成粒；鸡蛋打入碗中，用筷子打散、调匀。
2. 锅中注水烧开，倒入菠菜，加入食用油，搅匀；倒入虾皮，煮至沸；捞出，沥干。
3. 将菠菜和虾皮倒入蛋液中，加盐、葱花、面粉，拌匀；淋入芝麻油，搅匀。
4. 煎锅中注入食用油烧热，倒入蛋液，摊成饼状。
5. 用小火煎至蛋饼成型，煎出香味；将蛋饼翻面，煎至金黄色。
6. 取蛋饼切成扇形，装入盘中即成。

鸡蛋豆腐饼

鸡蛋含有人体必需的8种氨基酸,而豆腐含有丰富的蛋白质及钙。此道菜品,不但热量低,而且还能有效促进儿童的生长发育,是一道营养佳品。

做法:

1. 彩椒切粒,西红柿切丁,豆腐捣成泥;鸡蛋打入碗中,加西红柿、彩椒、葱花,加盐、鸡粉,调匀,倒入豆腐泥。
2. 撒上面粉,加芝麻油,搅至面糊状。
3. 煎锅上火烧热,倒入食用油,烧至三四成热;倒入面糊,转小火,摊开铺匀成面饼状。晃动煎锅,煎出香味,翻转豆腐饼,小火煎至两面熟透。
4. 盛出煎好的豆腐饼,撒上葱花即成。

原料:

豆腐200克,鸡蛋1个,西红柿35克,彩椒20克,葱花少许

调料:

盐1克,鸡粉2克,芝麻油3毫升,面粉、食用油各适量

黑米杂粮小·窝头

原料:
黑米粉100克,玉米粉90克,黄豆粉100克,酵母5克

调料:
盐1克

做法:

1. 黑米粉倒入碗中,加入玉米粉、酵母,搅拌均匀。倒入少许温水,搅匀,揉搓成面团。取蒸盘,刷一层食用油,取适量面团,揉搓成圆锥状。
2. 底部掏出一个小孔,制成窝头生坯,置于蒸盘上。将蒸盘放入水温为30℃的蒸锅中。发酵20分钟,开大火蒸10分钟,至生坯熟透。
3. 把蒸好的小窝头取出,装入盘中即成。

胡萝卜青菜饭卷

洋葱、胡萝卜、海苔都是热量极低的食物，搭配适量猪瘦肉和营养丰富的鸡蛋制成饭卷食用，既可以满足肥胖儿童的营养需求，又不至于摄入过多热量。

原料：

猪肉末50克，鸡蛋1个，洋葱30克，胡萝卜20克，米饭160克，小白菜、海苔各少许

调料：

盐2克，鸡粉2克，料酒3毫升，食用油适量

做法：

1. 小白菜切碎，洋葱、胡萝卜切成粒。
2. 油锅中倒入打散的蛋液，炒熟后盛出。
3. 热锅注油，倒入肉末，炒至变色，淋入料酒，提味；倒入洋葱、胡萝卜、米饭，炒散；倒入炒熟的鸡蛋、小白菜，加入盐、鸡粉，调味，盛出，即成馅料。
4. 取海苔铺于案板上，撒上清水，将馅料平铺在海苔上，再卷紧，放入盘中。
5. 将饭卷分切成小段，摆入盘中即成。

鸡丝荞麦面

原料：

鸡胸肉120克，荞麦面100克，葱花少许

调料：

盐2克，鸡粉少许，水淀粉、食用油各适量

做法：

1. 鸡胸肉切成丝，装入碗中，加盐、鸡粉、水淀粉，拌匀。
2. 再注入食用油，腌渍约10分钟至入味。
3. 锅中注水烧开，放入食用油，倒入备好的荞麦面，再加入鸡粉、盐，拌匀。
4. 用大火煮约2分钟，至面条断生；放入鸡肉丝，搅拌。
5. 转中火续煮片刻，至全部食材熟透。
6. 关火后盛出煮好的面条，放在汤碗中，撒上葱花即成。

金针菇面

金针菇中赖氨酸和精氨酸含量十分丰富，不仅对儿童智力及身高发育十分有益，而且能增强机体的生物活性，有利于食物的消化吸收。

原料：

金针菇40克，上海青70克，虾仁50克，面条100克，葱花少许

调料：

盐2克，鸡汁、生抽、食用油各适量

做法：

1. 金针菇切去根部，切段；上海青切粒。
2. 用牙签挑去虾线，把虾仁切成粒；面条切成段。
3. 汤锅注水烧开，放入鸡汁、盐、生抽。放入面条，加入食用油，煮约2分钟至面条熟透。放入金针菇、虾仁，煮沸；放入上海青，调大火烧开。
4. 撒入少许葱花，搅拌均匀；将煮好的面条盛出，装入碗中即成。

排骨汤面

原料：
排骨130克，面条60克，小白菜、香菜各少许

调料：
料酒4毫升，白醋3毫升，盐、鸡粉、食用油各适量

做法：
1. 洗净的小白菜切成段，面条折成小段。
2. 锅中注水，倒入排骨，再加入料酒，用大火烧开；加入白醋，用小火煮30分钟；将煮好的排骨捞出。
3. 把面条倒入汤中，搅拌匀；用小火煮5分钟至面条熟透。
4. 加盐、鸡粉，调味；倒小白菜，加熟油，搅匀，用大火煮沸。
5. 将煮好的面条盛入碗中，再撒上洗净切碎的香菜即成。

冬笋炒枸杞叶

冬笋含有多种氨基酸、维生素以及纤维素等营养成分，能促进肠道蠕动；搭配营养丰富的香菇食用，既有助于肥胖儿童减少脂肪的摄入，又能补充营养。

做法：

1. 香菇切成丝；去皮冬笋切成丝。
2. 锅中注水烧开，放盐，倒入冬笋、香菇，搅匀，煮1分钟，至其断生。
3. 把焯煮好的冬笋和香菇捞出，沥干水分，待用。
4. 锅中注油烧热，放入枸杞叶、冬笋、香菇。放入盐、鸡粉，炒匀调味；淋入水淀粉，快速炒匀。
5. 关火后盛出炒好的食材即成。

原料：

枸杞叶80克，水发香菇70克，冬笋180克

调料：

盐3克，鸡粉2克，水淀粉4毫升，食用油适量

荷兰豆炒胡萝卜

原料：
荷兰豆100克，胡萝卜120克，黄豆芽80克，蒜末、葱段各少许

调料：
盐3克，鸡粉2克，料酒10毫升，水淀粉、食用油各适量

做法：
1. 洗净去皮的胡萝卜切成片，倒入热水锅中，加盐、食用油。
2. 先后放入洗净的黄豆芽、荷兰豆，煮至八成熟，捞出，沥干水分。
3. 用油起锅，放入蒜末、葱段，爆香。
4. 倒入焯过水的食材，再淋入料酒，快速翻炒匀。加入鸡粉、盐、水淀粉，翻炒至食材熟透、入味。
5. 关火后盛出炒好的菜即成。

芦笋金针菇

芦笋膳食纤维含量丰富，不仅能缓解便秘，还能减少肠道对脂肪的吸收。

做法：

1. 金针菇切去根部，芦笋去皮、切成段。
2. 锅中注水烧开，倒入芦笋段，煮至其断生，捞出。
3. 用油起锅，放入姜片、蒜末、葱段，用大火爆香，倒入金针菇，翻炒至其变软。
4. 放入焯过水的芦笋段，再淋入料酒，炒香、炒透；转小火，加入盐、鸡粉、淀粉，快速翻炒匀。
5. 关火后盛出炒好的菜，放在盘中即成。

原料：

芦笋100克，金针菇100克，姜片、蒜末、葱段各少许

调料：

盐2克，鸡粉少许，料酒4毫升，水淀粉、食用油各适量

上海青扒鲜蘑

原料：
上海青200克，口蘑60克

调料：
盐、鸡粉各2克，料酒8毫升，水淀粉、食用油各适量

做法：
1. 将食材洗净，口蘑对半切开，上海青去除老叶，再对半切开。
2. 热锅注水烧开，放入上海青，加入盐、食用油，拌匀，焯至断生后捞出。
3. 沸水锅中倒入口蘑，淋少许料酒，中火焯至食材断生，捞出。
4. 用油起锅，倒入焯好的口蘑，淋入料酒，炒匀；注入适量清水，加盐、鸡粉、水淀粉，拌匀调味。
5. 取一个盘子，摆好焯熟的上海青，浇上锅中汤料即成。

素炒海带结

洋葱营养丰富，气味辛辣，且脂肪含量低，适量食用可促进肥胖儿童体内胆固醇的代谢；海带含有丰富的碘和钙，可补充儿童对营养素的需求。

做法：

1. 香干、彩椒切成条，去皮洋葱切成条。
2. 锅中注水烧开，倒入食用油、海带结，煮2分钟，捞出，备用。
3. 用油起锅，倒入切好的香干、洋葱、彩椒，炒匀。放入焯过水的海带结，快速翻炒；加入生抽、盐、鸡粉，调味。
4. 倒入水淀粉，快速翻炒均匀。
5. 关火后盛出炒好的菜肴，装入备好的盘中即成。

原料：

海带结300克，香干80克，洋葱60克，彩椒40克，葱段少许

调料：

盐2克，鸡粉2克，水淀粉4毫升，生抽、食用油各适量

芝麻香煎西葫芦

原料：
西葫芦300克，熟白芝麻15克，炸粉90克，蒜末、葱花各少许

调料：
盐2克，孜然粉5克，生粉30克，食用油适量

做法：
1. 西葫芦切圆片；炸粉中加水，搅匀。
2. 锅中注水烧开，放入盐、食用油，倒入西葫芦，焯煮半分钟，捞出。
3. 西葫芦装入盘中，撒上生粉，拌匀。
4. 煎锅中倒入食用油烧热，西葫芦裹上炸粉糊，放入锅中，小火煎一会儿，翻面，煎至两面呈金黄色。
5. 放入蒜末、葱花，煎出香味；撒入孜然粉、白芝麻，煎出香味。
6. 把煎好的西葫芦盛出，装盘即成。

蒜蓉西葫芦

西葫芦对机体的生长发育和维持机体的各项生理功能均有一定作用，尤其是其维生素C含量丰富，对提高肥胖儿童的抗病毒能力有一定的食疗作用。

原料：

西葫芦400克，彩椒50克，蒜末、葱花各少许

调料：

盐3克，鸡粉2克，水淀粉4毫升，食用油适量

做法：

1. 去皮西葫芦改切片，彩椒切小块。
2. 锅中注水烧开，加盐，倒入食用油，放入西葫芦，搅拌匀。
3. 倒入彩椒，煮半分钟，捞出，待用。
4. 用油起锅，放入蒜末，爆香；倒入焯过水的西葫芦、彩椒，翻炒均匀。
5. 加入盐、鸡粉，炒匀调味，倒入水淀粉；快速翻炒均匀。
6. 将锅中食材盛出，装盘，撒上葱花即成。

紫甘蓝拌杂菜

原料：

苦苣、生菜、圣女果各100克，黄瓜、樱桃萝卜各90克，紫甘蓝85克，洋葱70克，蒜末少许

调料：

盐、鸡粉各2克，生抽5毫升，陈醋10毫升，芝麻油、食用油各适量

做法：

1. 将樱桃萝卜、黄瓜、洋葱、紫甘蓝、生菜分别切丝，苦菊切小段，备用。
2. 开水锅中，淋入食用油，倒入切好的食材和圣女果，煮至食材熟软后捞出。
3. 把焯煮好的食材装入碗中；撒上蒜末，加入盐、鸡粉。
4. 淋入生抽、芝麻油，倒入陈醋，搅拌至食材入味。
5. 取干净的盘子，盛入菜肴，摆好即成。

石榴火龙果盅

酸奶能促进胃酸的分泌,因而能增强消化能力;火龙果与石榴搭配食用,可利尿,对排出体内多余水分、轻身健体有效。本品对肥胖儿童有减肥瘦身之功效。

原料:

石榴200克,火龙果300克,酸奶120毫升

做法:

1. 将洗干净的火龙果平放,沿三分之一处剖开,备用。
2. 用小勺将剖开的火龙果中的果肉取出,制成火龙果盅。
3. 将备好的石榴剖开,取出石榴果肉。
4. 把火龙果的果肉和石榴的果肉放入火龙果盅内,静置一会儿。
5. 倒入备好的酸奶拌匀即成。

午餐

午餐所供给的热量应高于其他各餐,以满足下午较长活动时间的热量需要。应适当增加优质蛋白的摄入,如鱼类、瘦肉、去皮鸡肉和豆制品;还可增加富含膳食纤维的食物,如莴笋、包菜、西芹、苹果等新鲜的蔬果的摄入量。忌以方便面、西式快餐等食物代替午餐。

白灵菇炒鸡丁

鸡肉脂肪含量较低,且为不饱和脂肪酸,搭配白灵菇食用,有益气健脾、养胃降脂的功效,肥胖兼有体质虚弱的儿童尤为适宜食用。w

原料:

白灵菇200克,彩椒60克,鸡胸肉230克,姜片、蒜末、葱段各少许

调料:

盐4克,鸡粉4克,料酒5毫升,水淀粉12毫升,食用油适量

做法:

1. 将彩椒、白灵菇、鸡胸肉分别切成丁。将鸡肉丁加入盐、料酒腌渍10分钟。
2. 开水锅中,放入盐、鸡粉、白灵菇、彩椒、食用油,煮1分钟,捞出,待用。热锅注油,烧至四成热,倒入鸡肉丁,滑油至变色,捞出。
3. 锅底留油,倒入姜片、蒜末、葱花,放彩椒和白灵菇,加入鸡肉丁、料酒、盐、鸡粉,调味;淋入水淀粉,炒匀。
4. 盛出炒好的食材,装入盘中即成。

巴旦木仁炒西芹

西芹营养十分丰富,尤其是其中含有的维生素P,能够提高维生素C在体内的利用率,具有减脂、降压的作用,其热量极低,适合肥胖儿童食用。

原料:

巴旦木仁50克,西芹50克,彩椒60克,蒜片、姜丝各少许

调料:

盐2克,橄榄油适量

做法:

1. 将洗净的西芹、彩椒切成段。
2. 锅中注水烧开,放入橄榄油、盐,倒入切好的西芹、彩椒,煮至断生后捞出,沥干水分,备用。
3. 锅中倒入橄榄油,放入蒜片、姜丝,爆香。倒入焯过水的食材,翻炒均匀。
4. 加入盐,炒匀调味;倒入巴旦木仁,翻炒均匀,至食材入味。
5. 盛出炒好的食材,装入盘中即成。

彩椒茄子

原料：

彩椒80克，胡萝卜70克，黄瓜80克，茄子270克，姜片、蒜末、葱段、葱花各少许

调料：

盐2克，鸡粉2克，生抽4毫升，蚝油7克，水淀粉5毫升，食用油适量

做法：

1. 将茄子、胡萝卜、黄瓜、彩椒分别切成丁。
2. 热锅注油，烧至五成热，倒入茄子丁，炸至微黄色，捞出。
3. 锅底留油，放入姜片、蒜末、葱段，爆香；倒入胡萝卜、黄瓜、彩椒，略炒；加入盐、鸡粉调味。
4. 放入炸好的茄子，加入生抽、蚝油以及水淀粉，翻炒匀。
5. 盛出炒好的菜肴，撒上葱花即成。

炒素丁

黄瓜中含有的丙醇二酸等活性物质,能够抑制糖类转化为脂肪;而胡萝卜中的植物纤维,能增加饱腹感,可帮助肥胖儿童减少进食量。

做法:

1. 将豆干、胡萝卜、黄瓜分别切成丁。
2. 锅中注水烧开,放入盐、胡萝卜,煮1分30秒,捞出,待用。
3. 热锅注油,烧至五成热,放入豆干,炸半分钟,捞出,待用。
4. 锅底留油,放入姜片、蒜末、葱段,爆香;倒入黄瓜,拌炒匀;放入胡萝卜、豆干,加入鸡粉、盐、豆瓣酱,炒匀。倒入适量水淀粉,快速拌炒均匀。
5. 将炒好的菜肴盛入碗中即成。

原料:

胡萝卜90克,黄瓜100克,豆干60克,姜片、蒜末、葱段各少许

调料:

盐3克,鸡粉2克,豆瓣酱5克,食用油、水淀粉各适量

胡萝卜炒牛肉

原料：
牛肉300克，胡萝卜150克，彩椒、圆椒各30克，姜片、蒜片各少许

调料：
盐3克，食粉、鸡粉各2克，生抽8毫升，水淀粉10毫升，料酒5毫升，食用油适量

做法：
1. 胡萝卜切成片，彩椒、圆椒切块；牛肉切薄片，加盐、鸡粉、生抽、料酒、食粉腌渍30分钟至其入味。
2. 锅中注水烧开，加入盐、食用油，再倒入胡萝卜片、彩椒、圆椒，煮至断生。
3. 用油起锅，倒入姜片、蒜片，爆香，倒入牛肉，炒至变色，放入焯好的食材。
4. 炒透，加盐、生抽、鸡粉、料酒、水淀粉，大火快炒；关火后盛出即成。

胡萝卜炒杏鲍菇

胡萝卜含有植物纤维,可刺激肠道蠕动,增强饱腹感,减少进食量,进而有效控制肥胖儿童的体重。儿童食用此道菜品,还可保护视力。

做法:

1. 分别将洗净的杏鲍菇、胡萝卜切成片。
2. 锅中注水烧开,放入食用油、盐,倒入胡萝卜,煮约半分钟。再倒入杏鲍菇,约1分钟,捞出焯煮好的食材,沥干水分。
3. 用油起锅,放姜片、蒜末、葱段,爆香,倒入焯煮好的食材,炒匀。
4. 淋入料酒,炒香,转小火,加盐、鸡粉、蚝油、水淀粉调味。
5. 关火,盛出炒好的菜,装在盘中即成。

原料:

胡萝卜100克,杏鲍菇90克,姜片、蒜末、葱段各少许

调料:

盐3克,鸡粉少许,蚝油4克,料酒3毫升,食用油、水淀粉各适量

芦笋鲜蘑菇炒肉丝

原料：
芦笋75克，口蘑60克，猪肉110克，蒜末少许

调料：
盐2克，鸡粉2克，料酒5毫升，水淀粉、食用油各适量

做法：
1. 猪肉切成细丝，加盐、鸡粉、水淀粉，搅匀，淋入食用油，腌渍10分钟。
2. 开水锅中，加入盐、切好的口蘑，淋入食用油，略煮；倒入切好的芦笋，煮至断生后捞出。
3. 热油锅中倒入肉丝，滑油变色后捞出。
4. 锅底留油烧热，倒入蒜末、猪肉丝、焯过水的食材，炒匀；加料酒、盐、鸡粉，炒至食材入味；加水淀粉勾芡。
5. 关火后盛出炒好的菜肴即成。

奶香口蘑烧花菜

口蘑味道鲜美，含有膳食纤维、蛋白质、维生素、铁、钾、硒等营养成分；且西蓝花热量低。幼儿食用本品，不仅有助于控制热量摄入，还可促进骨骼发育。

做法：

1. 将全部食材洗净，花菜、西蓝花分别切小朵，口蘑打上十字花刀。
2. 锅中注水烧开，加入适量盐，下入口蘑、花菜、西蓝花，煮至断生后捞出。
3. 用油起锅，倒入焯好的食材，淋料酒，翻炒匀。锅中注入适量的清水和牛奶，翻炒至全部食材熟透。
4. 转小火，加盐、鸡粉调味，大火收汁，盛出炒好的菜肴即成。

原料：

花菜、西蓝花各180克，口蘑100克，牛奶100毫升

调料：

盐3克，鸡粉2克，料酒5毫升，水淀粉、食用油各适量

肉末空心菜

原料：

空心菜200克，肉末100克，彩椒40克，姜丝少许

调料：

盐、鸡粉各2克，老抽2毫升，料酒3毫升，生抽5毫升，食用油适量

做法：

1. 洗净的空心菜切成段，彩椒切粗丝。
2. 锅中注入食用油烧热，倒入肉末，大火快炒至松散。
3. 淋入料酒、老抽、生抽，炒匀；撒入姜丝，再放空心菜。
4. 翻炒至熟软，倒入彩椒丝，翻炒匀。
5. 加入盐、鸡粉，翻炒一会儿，至食材入味。
6. 关火后盛出炒好的菜肴，装入备好的盘中即成。

西葫芦炒鸡丝

鸡胸肉富含蛋白质,用上述方法制作,不会使鸡肉的热量增高,比较适合需要控制热量的肥胖儿童食用。此外,西葫芦热量低,有减脂、增强免疫力的功效。

做法:

1. 将食材洗净,西葫芦、彩椒和鸡胸肉分别切细丝。
2. 将鸡肉丝装入碗中,加入盐、料酒、水淀粉、食用油,拌匀,腌至入味。
3. 热锅注油,倒入鸡肉丝,拌匀;捞出鸡肉丝,沥干油,待用。
4. 锅底留油烧热,倒入彩椒、鸡肉丝、姜片、葱段和西葫芦炒匀。
5. 依次加入盐、鸡粉、水淀粉,炒至食材入味,盛出装盘即可。

原料:

西葫芦160克,彩椒30克,鸡胸肉70克,姜片、葱段各少许

调料:

盐2克,鸡粉2克,料酒3毫升,水淀粉6毫升,食用油适量

西蓝花炒双耳

原料：

胡萝卜片20克，西蓝花100克，水发银耳100克，水发木耳35克，姜片、蒜末、葱段各少许

调料：

盐3克，鸡粉4克，料酒10毫升，蚝油10克，水淀粉4毫升，食用油适量

做法：

1. 西蓝花切成小块；银耳切去黄色根部，切小块；木耳切成小块。
2. 锅中注水烧开，加盐、鸡粉、食用油、木耳、银耳，煮沸，倒入西蓝花，煮片刻后捞出全部食材。
3. 用油起锅，放入姜片、蒜末、葱段、胡萝卜，爆香；放入焯过水的食材，炒匀。
4. 淋入料酒，加盐、鸡粉、蚝油，炒匀。
5. 加水淀粉，翻炒匀，关火后盛出即成。

银耳炒肉丝

银耳中膳食纤维含量丰富,能促进新陈代谢、消耗体内脂肪,减少脂肪的堆积。此道菜品中,增加富含优质蛋白的猪瘦肉,对减肥儿童有一定的补益作用。

做法:

1. 泡好的银耳切去根部,再切成小块。
2. 猪瘦肉切丝,加入盐、鸡粉、水淀粉、食用油,抓匀,腌渍约10分钟至入味。
3. 开水锅中,放入银耳、盐、食用油,焯煮片刻后捞出。
4. 用油起锅,放入姜片、蒜末,爆香;倒入腌好的肉丝,炒至变色;倒入银耳、切好的红椒丝,加入盐、鸡粉、生抽、水淀粉,炒匀。加入葱段,炒匀,盛出锅中食材即成。

原料:

水发银耳200克,猪瘦肉200克,红椒30克,姜片、蒜末、葱段各少许

调料:

料酒4毫升,生抽3毫升,盐、鸡粉、水淀粉、食用油各适量

鸡汤肉丸炖白菜

原料：
白菜170克，肉丸240克，鸡汤350毫升

调料：
盐2克，鸡粉2克，胡椒粉适量

做法：
1. 将白菜洗净，切去根部，掰成小块。
2. 在肉丸上切花刀，备用。
3. 砂锅中注入适量清水烧热，倒入备好的鸡汤、肉丸。
4. 烧开后转小火煮20分钟，再下入白菜，拌匀。
5. 加入盐、鸡粉、胡椒粉，拌匀，转大火煮至食材入味。
6. 关火后盛出锅中的菜肴即成。

金麦酿苦瓜

燕麦是饱腹感极强的食物,搭配具有减脂作用的南瓜、苦瓜食用,可减少肥胖儿童的食物摄入量,使他们在减肥期间,既能控制体重,又不会感觉饥饿。

原料:
燕麦35克,南瓜350克,苦瓜120克,枸杞15克,面粉40克

调料:
盐2克

做法:

1. 燕麦碗中加水;南瓜切片;苦瓜切段。
2. 燕麦放入烧开的蒸锅中,再放入南瓜,用大火蒸10分钟,取出。锅中注水烧开,放入苦瓜,焯煮1分钟,至其断生,捞出。
3. 将蒸好的南瓜搅成泥状;倒入燕麦,加盐,搅匀;放面粉,搅匀制成馅料。
4. 把苦瓜装盘,塞入馅料,放上枸杞。
5. 将加工好的苦瓜放入烧开的蒸锅中;用大火蒸3分钟,至食材熟透。
6. 揭开盖,取出蒸好的苦瓜即成。

美味生鱼馅饼

原料：

鱼肉末230克，牛奶60毫升，姜末、葱花各少许

调料：

盐2克，鸡粉2克，生粉12克，芝麻油、胡椒粉、食用油各适量

做法：

1. 鱼肉末中加入盐、鸡粉，撒上姜末；分次倒入牛奶，加入葱花、胡椒粉、生粉、芝麻油，搅至起劲，腌渍10分钟。
2. 在盘中和模具上均匀地抹上食用油，将鱼肉填入模具，压平、压紧，制成数个鱼饼生坯，装入盘中，待用。
3. 煎锅置于火上，加食用油烧热，转小火，放入鱼饼生坯，煎出香味。
4. 将鱼饼翻面，小火煎至两面呈金黄色。
5. 关火后将鱼饼盛出，装入盘中即成。

带鱼南瓜汤

南瓜含有B族维生素、维生素C和钙、磷等成分，具有降脂、降糖、保护胃黏膜、帮助消化、利尿的功效，其富含的膳食纤维可帮助肥胖儿童减少脂肪吸收。

做法：

1. 去皮南瓜切成小段；带鱼处理干净，切成小段，备用。
2. 砂锅中注水烧开，放入带鱼、料酒；烧开后调小火煮约15分钟。
3. 倒入蒜末、南瓜；用小火续煮约15分钟至熟。加入盐、鸡粉、生抽，拌匀；放入青椒丝、红椒丝，拌匀。
4. 撒上葱丝，拌匀，用大火略煮一会儿。
5. 关火后盛出煮好的汤料即成。

原料：

带鱼270克，南瓜170克，青椒丝、红椒丝、葱丝、蒜末各少许

调料：

盐、鸡粉各2克，料酒6毫升，生抽4毫升

冬瓜红豆汤

原料：
冬瓜300克，水发红豆180克

调料：
盐3克

做法：

1. 洗净去皮的冬瓜切块，改切成丁。
2. 砂锅中注入清水烧开，倒入洗净的红豆。
3. 盖上盖，烧开后转小火炖30分钟至红豆熟软。
4. 揭开锅盖，放入冬瓜丁。
5. 盖上盖，用小火炖20分钟至食材熟透。
6. 揭盖，放入盐，拌匀调味。
7. 关火后盛出汤料，装入碗中即成。

海藻莴笋叶汤

莴笋叶所含的热量很低,且营养较为均衡,搭配海藻食用,对减少脂肪堆积、皮肤上黑色素沉积有效;肥胖儿童可适量食用本品。

原料:

海藻70克,莴笋叶200克,鸡蛋1个

调料:

盐2克,鸡粉2克,芝麻油2毫升,食用油适量

做法:

1. 鸡蛋打入碗中,打散调匀;莴笋叶切段,备用。
2. 锅中注入适量清水烧开,加入食用油、盐、鸡粉;倒入莴笋叶,搅散,煮1分30秒,至其熟软。
3. 加入洗净的海藻,拌匀、煮沸。
4. 倒入鸡蛋液,搅拌匀,至其成蛋花。
5. 淋入芝麻油,拌匀调味。
6. 关火,盛出煮好的海藻莴笋叶汤,装入汤碗中即成。

黄鱼蔬菜汤

原料：
黄鱼300克，皇帝菜100克，姜片少许

调料：
盐、鸡粉、胡椒粉各2克，料酒5毫升

做法：
1. 洗好的皇帝菜切段，备用。
2. 锅中注水烧开，撒入姜片，放入处理好的黄鱼；盖上盖，用小火煮约15分钟至黄鱼熟软。
3. 揭盖，淋入料酒，略煮，撇去浮沫。
4. 倒入切好的皇帝菜梗，加入盐、鸡粉、胡椒粉调味。
5. 放入皇帝菜叶，拌匀，煮至熟软。
6. 关火后盛出煮好的汤料即成。

苦瓜鱼片汤

苦瓜营养丰富，含有多种维生素、矿物质，且含有可清脂、减肥的特效成分，可以加速排毒；而鲈鱼含蛋白质、钙、锌等营养成分，可补充肥胖儿童的营养需求。

做法：

1. 将食材洗净，鸡腿菇、胡萝卜、苦瓜分别切成片；鱼肉切片，装入碗中，加入盐、鸡粉、胡椒粉、水淀粉，抓匀，注入适量食用油，腌渍10分钟至入味。
2. 用油起锅，放入姜片，爆香；再倒入苦瓜、胡萝卜、鸡腿菇，炒匀。
3. 加入适量清水，大火煮3分钟至熟；加入盐、鸡粉调味；倒入鱼片，搅匀，煮至鱼片熟透。
4. 盛出煮好的鱼汤，撒上葱花即成。

原料：

苦瓜100克，鲈鱼肉110克，胡萝卜40克，鸡腿菇70克，姜片、葱花各少许

调料：

盐3克，鸡粉2克，胡椒粉少许，水淀粉、食用油各适量

香菇白萝卜汤

原料：
白萝卜块150克，香菇120克，葱花少许

调料：
盐2克，鸡粉3克，胡椒粉2克

做法：
1. 锅中注水烧开，放入备好的白萝卜。
2. 倒入洗好切块的香菇，拌匀。
3. 盖上盖，用大火煮约3分钟。
4. 揭盖，加入盐、鸡粉、胡椒粉调味，拌煮片刻至食材入味。
5. 关火后盛出煮好的汤料，装入碗中，撒上葱花即成。

晚餐

餐前半小时吃点水果，可以增加儿童饱腹感，减少进食量。晚餐宜选择体积大、低热量的食物，如糙米、全麦制品、粥、芹菜、萝卜、韭菜、茭白等，既可增加饱腹感，又能控制热量摄入。晚餐要少吃主食，不吃高热量、高脂肪的食物以及太咸、太辛辣的食物，以免刺激食欲。控制食量，吃七八分饱即成。

红豆薏米饭

原料：

水发红豆100克，水发糙米90克，水发薏米90克

做法：

1. 把洗好的糙米装入碗中。
2. 放入洗净的薏米、红豆，搅拌匀。
3. 在碗中注入适量清水。
4. 将装有食材的碗放入烧开的蒸锅中。
5. 盖上盖，用中火蒸约30分钟，至全部食材熟透。
6. 揭盖，取出即成。

本品中红豆、糙米、薏米都含有较多的膳食纤维，能促进肠胃蠕动，对润肠通便均有益，能排出体内的废物，有益于肥胖儿童减肥。

红米海苔肉松饭团

原料：

水发红米175克，水发大米160克，肉松30克，海苔适量

大米是最主要的主食之一，有健脾养胃、止渴、止泻的功效；搭配微量元素含量较高的红米食用，能够在补充儿童所需营养的同时，防止体重增加。

做法：

1. 取一个蒸碗，倒入洗净的红米、大米和适量清水；将海苔切粗丝，备用。
2. 蒸锅上火烧开，放入蒸碗，用中火蒸约30分钟，至食材熟软；取出蒸好的米饭，备用。
3. 取一张保鲜膜，铺开，把放凉的米饭倒在上面。
4. 在米饭上撒上海苔丝，拌匀，再倒入备好的肉松，拌匀。
5. 将拌好的米饭分成两份，搓成饭团，系上海苔丝，作为装饰。
6. 将做好的饭团放入盘中即成。

茼蒿萝卜干炒饭

茼蒿含丰富的维生素、胡萝卜素及多种氨基酸,具有清血养心、润肺化痰的功效,其所含的膳食纤维能抑制糖类转化为脂肪,是肥胖儿童的食疗佳品。

原料:

米饭150克,茼蒿80克,萝卜丁40克,胡萝卜40克,水发香菇35克,葱花少许

调料:

盐3克,鸡粉2克,食用油适量

做法:

1. 将萝卜干切成细丁,胡萝卜切成颗粒状小块,香菇、茼蒿分别切丁。
2. 锅中注水烧开,放入萝卜干、胡萝卜、香菇丁,煮约半分钟捞出,沥干水分。
3. 用油起锅,倒入切好的茼蒿,大火翻炒至其变软。
4. 转中火,倒入米饭,炒松散;再放入焯过水的食材,加盐、鸡粉,炒匀调味。
5. 撒上葱花,快炒至米饭入味。
6. 关火,盛出炒好的米饭即成。

洋葱鲑鱼炖饭

原料：
水发大米100克，三文鱼70克，西蓝花95克，洋葱40克

调料：
料酒4毫升，食用油适量

做法：

1. 洋葱切小块，三文鱼切成丁，西蓝花切小朵。
2. 砂锅置于火上，淋入食用油烧热；倒入洋葱、三文鱼，翻炒片刻。
3. 淋入料酒，炒匀提味；注入清水，用大火煮沸；放入大米，搅匀。
4. 烧开后用小火煮约20分钟，倒入西蓝花，搅拌均匀。
5. 再用小火煮约10分钟至食材熟透。
6. 揭开锅盖，关火后盛出煮好的炖饭，装入盘中即成。

绿豆荞麦燕麦粥

绿豆、荞麦、燕麦都是含蛋白质、膳食纤维、B族维生素丰富的食物,通便润肠的效果极佳,尤其是燕麦,饱腹感极强,适合肥胖儿童食用。

原料:

水发绿豆80克,水发荞麦100克,燕麦片50克

做法:

1. 砂锅中注入适量清水烧热,倒入洗好的荞麦、绿豆,拌匀。
2. 盖上盖,烧开后用小火煮约30分钟。
3. 揭开盖子,用勺搅拌几下,再倒入燕麦片,拌匀。
4. 再盖上盖,用小火续煮约5分钟至食材熟透。揭开盖,搅拌均匀。
5. 关火后盛出煮好的粥即成。

苹果玉米粥

原料：
玉米碎80克，熟蛋黄1个，苹果50克

苹果与玉米中的粗纤维含量都较高，可促进肠胃蠕动，帮助小儿顺利排出废物、缓解便秘；尤其是苹果中含有的多酚及黄酮类物质，可预防儿童铅中毒。

做法：
1. 苹果切开，去核，削去果皮，把果肉切成小块，再剁碎。
2. 蛋黄切成细末，备用。
3. 砂锅中注入适量清水烧开，倒入玉米碎，搅拌均匀。
4. 盖上盖，烧开后用小火煮约15分钟至其呈糊状；揭开锅盖，倒入剁碎的苹果，撒上蛋黄末，搅拌均匀。
5. 关火后盛出玉米粥，装入碗中即成。

银鱼豆腐面

豆腐含有蛋白质、维生素B₆、烟酸、铁、钙、锌等营养成分,具有清洁肠胃、生津止渴等功效,搭配黄豆芽等热量低的食材同食,有助于肥胖儿童控制进食量。

做法:

1. 豆腐切小方块,备用。
2. 锅中注水烧开,倒入面条,搅匀,用中火煮至面条熟透,捞出,沥干。
3. 另起锅,注入柴鱼汤,放入银鱼干,用大火煮沸;加盐、生抽,倒入黄豆芽、豆腐块,淋入水淀粉,煮至食材熟透。
4. 再倒入备好的蛋清,边倒边搅拌,制成汤料,待用。
5. 取一个汤碗,放入煮熟的面条,盛入锅中的汤料即成。

原料:

面条160克,豆腐80克,黄豆芽40克,银鱼干少许,柴鱼片汤500毫升,蛋清15克

调料:

盐2克,生抽5毫升,水淀粉适量

草菇花菜炒肉丝

原料：

草菇70克，彩椒20克，花菜180克，猪瘦肉240克，姜片、蒜末、葱段各少许

调料：

盐3克，生抽4毫升，料酒8毫升，蚝油、水淀粉、食用油各适量

做法：

1. 草菇切开，花菜切小朵，彩椒切丝；猪瘦肉切细丝，加料酒、盐、水淀粉、食用油，拌匀，腌渍10分钟。
2. 开水锅中，加入盐、料酒，将草菇、花菜、彩椒焯煮好后捞出。
3. 用油起锅，倒入肉丝，炒至变色；放入姜片、蒜末、葱段，炒香。
4. 倒入焯过水的食材，炒透；加盐、生抽、料酒、蚝油、水淀粉炒匀调味。
5. 关火后盛出炒好的菜肴即成。

马蹄炒肉片

马蹄中的磷含量是所有茎类蔬菜中最高的,可以促进小儿体内三大物质的代谢;其所含的荸荠英是一种抗菌成分,可起到预防小儿疾病的作用。

原料:

马蹄肉100克,猪瘦肉150克,红椒35克,姜片、蒜末、葱段各少许

做法:

1. 猪瘦肉洗净,切成片,装入碗中,加盐、鸡粉、水淀粉、食用油,抓匀,腌至入味。
2. 锅中注水烧开,加入盐,倒入切好的马蹄、红椒,焯煮好后捞出。
3. 用油起锅,放入姜、蒜、葱,爆香,倒入腌好的肉片,淋入料酒,炒香。
4. 放入焯过水的食材,炒匀,加入盐、鸡粉、水淀粉,炒匀。
5. 将炒好的菜盛出,装入盘中即成。

调料:

盐3克,鸡粉3克,料酒3毫升,水淀粉、食用油各适量

肉末炒青菜

原料：
上海青100克，肉末80克

调料：
盐1克，料酒、生抽、食用油各适量

做法：
1. 将洗净的上海青切成碎末，备用。
2. 炒锅烧热，倒入食用油，放入肉末，炒散。
3. 淋入料酒、生抽，炒匀；下入备好的上海青，炒匀。
4. 加入盐，炒匀调味。
5. 注入适量清水，转大火，煮至沸。
6. 关火，盛出炒好的菜肴即成。

丝瓜马蹄炒木耳

丝瓜含有蛋白质、脂肪、糖类、钙、磷、铁及维生素B₁、维生素C、皂甙、植物黏液等营养物质,具有化痰、清热、利湿的功效,是肥胖儿童减肥瘦身的佳品。

做法:

1. 马蹄肉切片,木耳、丝瓜、彩椒切块。
2. 锅中注水烧开,加盐,略煮片刻后倒木耳、食用油,煮约半分钟。倒入丝瓜、彩椒、马蹄,拌匀,煮至断生后捞出。
3. 用油起锅,放入蒜末、葱段,爆香;倒入焯过水的食材,炒匀。
4. 加入蚝油,快炒;再放入盐、鸡粉调味;倒入水淀粉,翻炒至食材熟透。
5. 关火后盛出食材,装入盘中即成。

原料:

丝瓜100克,马蹄肉90克,彩椒50克,水发木耳40克,蒜末、葱段各少许

调料:

盐3克,鸡粉2克,蚝油6克,水淀粉、食用油各适量

素鸡炒菠菜

原料：
素鸡120克，菠菜100克，红椒40克，姜片、蒜末、葱段各少许

调料：
盐2克，鸡粉2克，料酒、食用油各适量

做法：
1. 将全部食材洗净，素鸡切成片，红椒切成圈，菠菜切段。
2. 锅中注入食用油烧热，放入素鸡，炸出香味后盛出。
3. 锅底留油，依次放入姜片、蒜末、葱段，爆香。
4. 倒入切好的菠菜，炒至熟软，放入素鸡、红椒，再加入盐、鸡粉、料酒，炒匀调味。
5. 将炒好的菜肴盛出，装入盘中即成。

莴笋炒茭白

茭白膳食纤维含量丰富,热量较低;莴笋钾含量高,有利尿之效。两者搭配食用,有补肾健脾、利水减肥的作用,适合肥胖的儿童食用。

原料:

莴笋200克,茭白100克,蟹味菇100克,彩椒50克

调料:

盐3克,鸡粉2克,蚝油5克,料酒4毫升,水淀粉、食用油各适量

做法:

1. 蟹味菇去除根部,茭白切成片,彩椒切小块,去皮莴笋切成片。
2. 锅中注水烧开,加盐,倒入茭白,淋入食用油,搅匀;放入彩椒块、莴笋片,大火煮至沸腾,放入蟹味菇。
3. 煮半分钟,至食材断生后捞出,待用。
4. 用油起锅,倒入焯过水的食材。
5. 加少许盐、鸡粉、蚝油、料酒,中火炒匀;倒入水淀粉,翻炒至食材熟透。
6. 关火后盛出食材,装入盘中即成。

西蓝花炒什蔬

原料：

西蓝花120克，水发黄花菜90克，水发木耳40克，莲藕90克，胡萝卜90克，姜片、蒜末、葱段各少许

调料：

盐、鸡粉各2克，料酒10毫升，蚝油10克，水淀粉4毫升，食用油适量

做法：

1. 将洗净的西蓝花切小朵，黄发菜切段，木耳撕小朵，莲藕切片，胡萝卜切片。
2. 开水锅中放盐、食用油，倒入胡萝卜、木耳、莲藕，煮1分钟；再放黄花菜、西蓝花，续煮半分钟，捞出，备用。
3. 用油起锅，放入姜片、蒜末、葱段，爆香；倒入焯过水的食材，淋入料酒、鸡粉、盐、蚝油，略煮；加水淀粉勾芡。
4. 盛出炒好的食材，装入盘中即成。

西芹炒虾仁

西芹中含有的维生素P，能够加强维生素C的作用，且营养十分丰富，有减脂、降压的作用；搭配虾仁食用，还能促进肥胖儿童的骨骼及牙齿生长。

原料：

西芹150克，红椒10克，虾仁100克，姜片、葱段各少许

调料：

盐、鸡粉各2克，水淀粉、料酒、食用油各适量

做法：

1. 西芹切段；红椒切小块；虾仁去虾线，加盐、鸡粉、水淀粉，腌渍10分钟。
2. 锅中注水烧开，加入盐、食用油，倒入西芹、红椒，续煮约半分钟，捞出；沸水锅中倒入虾仁，煮至淡红色，捞出。
3. 用油起锅，先后倒入姜片、葱段、虾仁、料酒，炒香。倒入煮好的西芹、红椒，加盐、鸡粉调味，倒入水淀粉勾芡。
4. 关火后盛出炒好的菜肴即成。

银耳枸杞炒鸡蛋

原料：
水发银耳100克，鸡蛋3个，枸杞10克，葱花少许

调料：
盐3克，鸡粉2克，水淀粉14毫升，食用油适量

做法：
1. 银耳切去根部，切成小块；鸡蛋打入碗中，加盐、鸡粉、水淀粉，打散调匀。
2. 锅中注水烧开，加银耳、盐，煮半分钟，至其断生后捞出，沥干，待用。
3. 用油起锅，倒入蛋液，炒至熟，盛出，装入碗中，备用。
4. 锅底留油，倒入银耳、鸡蛋、枸杞，加入葱花，炒匀。
5. 加盐、鸡粉调味，淋入水淀粉，快炒。
6. 关火后盛出食材，装入盘中即成。

土豆炖南瓜

土豆中含有大量的膳食纤维，可防止脂肪沉积，且其脂肪含量低，既能充饥，又可代谢多余的脂肪；搭配同样具有降脂减肥效果的南瓜食用，是儿童减肥食疗佳品。

做法：

1. 将去皮洗净的土豆切成丁，去皮洗净的南瓜切成小块。
2. 用油起锅，放入蒜末，爆香；放入土豆，炒匀；再倒入南瓜，炒匀。
3. 注水，加盐、鸡粉，放入蚝油，炒匀。
4. 用小火焖煮约8分钟，至食材熟软。
5. 用大火收汁，倒入水淀粉勾芡，至食材熟透、入味，再淋入芝麻油。
6. 关火后盛出焖煮好的食材，装入盘中，撒上葱花即成。

原料：

南瓜300克，土豆200克，蒜末、葱花各少许

调料：

盐2克，鸡粉2克，蚝油10克，水淀粉5毫升，芝麻油2毫升，食用油适量

黄瓜腐竹汤

原料：
水发腐竹200克，黄瓜220克，葱花少许

调料：
盐3克，鸡粉2克，胡椒粉、食用油各适量

做法：
1. 黄瓜去皮，切条，去籽，改切成小块，装入盘中，备用。
2. 用油起锅，放入黄瓜，翻炒片刻。
3. 倒入适量清水，用大火烧开，放入泡发好的腐竹。
4. 加盖，小火煮约2分钟，至腐竹熟透。
5. 揭盖，加入盐、鸡粉、胡椒粉，用锅勺搅拌匀。
6. 把煮好的汤装入碗中，撒上葱花即成。

金针菇白玉汤

豆腐所含的蛋白质、钙等含量都较高,且具有清洁肠胃、生津止渴等功效;搭配热量低的大白菜、金针菇等食材食用,能增加饱腹感,减少食物摄入。

做法:

1. 金针菇切去老根,大白菜切细丝,豆腐切小方块,黄花菜去除花蒂。
2. 锅中注水烧开,加盐,放入豆腐块、黄花菜,搅匀,煮约1分钟,捞出。
3. 用油起锅,倒入白菜丝、金针菇,快炒;再淋入料酒,翻炒至白菜析出汁水。
4. 注入适量清水,大火煮至汤汁沸腾。
5. 倒入焯过水的食材,加入盐、鸡粉,搅匀,煮至食材入味。
6. 盛出煮好的汤料,撒上葱花即成。

原料:

豆腐150克,大白菜120克,水发黄花菜100克,金针菇80克,葱花少许

调料:

盐3克,料酒3毫升,鸡粉少许,食用油适量

芹菜叶香菇粉丝汤

原料：

水发粉丝120克，鲜香菇55克，芹菜叶15克，姜丝、葱丝各少许

调料：

盐2克，鸡粉少许

做法：

1. 将洗净的鲜香菇切片，备用。
2. 砂锅中注入适量清水烧热，倒入切好的香菇片，略煮一会儿。
3. 再放入洗净的芹菜叶，撒上姜丝、葱丝，拌匀。
4. 盖上盖，烧开后调小火煮约15分钟。
5. 揭盖，放入备好的粉丝，加入盐、鸡粉，拌匀调味；用中火略煮至汤汁入味。
6. 关火后盛出煮好的芹菜叶香菇粉丝汤，装入碗中即成。

西红柿洋葱汤

洋葱不含脂肪、热量低,所含的硫化合物能降低人体胆固醇;西红柿含有维生素C及多种矿物质,具有消食、生津、清热等功效。故此汤适合肥胖儿童食用。

做法:

1. 将洗净去皮洋葱切成丝,西红柿切小块,备用。
2. 锅中倒入食用油烧热,下入洋葱丝,快炒。将西红柿倒入锅中,快速翻炒一会儿,注入适量清水。
3. 盖上锅盖,煮至食材熟透;揭盖,加入鸡粉、盐、番茄酱,用勺搅匀调味。
4. 关火,盛出煮好的西红柿洋葱汤,装入碗中即成。

原料:

西红柿150克,洋葱100克

调料:

盐2克,番茄酱15克,鸡粉、食用油各适量

五、瘦身运动

4岁宝宝运动：跳格子

运动效果：通过单脚或双脚的跳跃，训练儿童肌肉力量及平衡感，达到全身律动的减肥效果。

1. 妈妈用粉笔在地上画格子，区分单脚站立和双脚站立的格子，格子画的稍大一点，但要在宝宝可以单脚跳的距离内。
2. 准备几块小石头或任何宝宝喜欢的小物件作为宝宝的玩物。
3. 妈妈和宝宝猜拳决定先后顺序。
4. 跳之前，先将自己的玩物丢掷到格子内，跳的时候避开玩物所在的那一个格子。
5. 跳的时候，遇到单格用单脚跳，遇到双格双脚跳，不可以踩到线。
6. 跳到所画的格子尽头时要转身往回跳，同时捡回自己的玩物。
7. 直到所有的格子都丢掷过后，可以站在第一个格子前，背对着格子丢掷玩物，丢中，则此格子属于丢掷者，另一个人不能踩过。
8. 以此循环，拥有最多格子者为胜。

5岁宝宝运动：红绿灯

运动效果：通过游戏追逐达到减肥的效果，还可帮助孩子构建团队意识，学会与人沟通、合作，并了解绿灯行、红灯停的交通规则。

1. 选一个人当警察，其他人逃跑。
2. 警察可以抓人，被抓的人当警察。
3. 被警察锁定逃跑的人可以喊"红灯"，进入停止状态。
4. 处于停止状态的人不能动，警察不能抓他，也不能一直守候在旁边（数3秒，警察必须强制离开）。
5. 其他逃跑的人可以碰触停止状态的人，说"绿灯"，然后将其恢复到逃跑状态。
6. 如果所有人都进入停止状态，警察就获胜，重新选警察。

6岁宝宝运动：生肖操

运动效果：这套动作非常有趣，既能引起宝宝的兴趣，让宝宝认识十二生肖，培养宝宝的模仿能力，达到锻炼幼儿身体的灵活性和协调性目的，又能帮助宝宝消耗身体多余脂肪，达到减肥的目的。

第1组动作：鼠嘴尖尖小步走。双手叠加，放在嘴前模仿老鼠嘴巴尖尖的样子，先往右跨两步，再转身往左跨两步。

第2组动作：牛角尖尖脚后踢。双手放在头顶伸出食指，模仿牛角的样子，右脚朝后划过地板踢两下，再换左脚踢两下。

第3组动作：虎虎生威展利爪。五指张开稍弯曲，手举至嘴巴旁往两侧拉开，同时右腿往右侧跨一步，再换左边。重复两次。

第4组动作：兔耳长长蹦蹦跳。将手放在头顶，五指并拢，手掌向前，先往右前侧跳，再跳回到原位。然后往左前侧跳，再跳回原位。跳的时候手掌下弯。

第5组动作：飞龙在天张大嘴。右腿前跨成弓箭步，两手手臂伸直、手指弯曲，右手在上，左手在下，交替挥动；再换左腿前跨，左右手交换，重复上述动作。

第6组动作：蛇身扭扭好俏皮。左手平放胸前，右臂肘部置于左手背上，手腕弯曲，模仿响尾蛇模样，身体略往右侧转，往右走一步，再转回中间；再往右走一步，再转回正面。之后换左侧重复上述动作。

第7组动作：马儿奔驰缰紧握。想象自己正在骑马，双手模仿抓紧缰绳的动作，右脚往前迈，之后重心回到左脚。共做4次。

第8组动作：羊角弯弯左右顶。双手放在头顶，手掌弯曲，头低下往右顶，再往左顶。重复1次。

第9组动作：猴子抓痒真舒服。双手弯曲放在头上方，模仿猴子抓痒动作，往右跨一步，双手往上张开伸直，左脚向右脚靠拢，手做抓痒动作；接着往左跨一步，双手张开，右脚向左脚靠拢，手再做抓痒动作。

六、按摩瘦身

运动式按摩法

这种按摩方法不是借助手部按摩,而是通过身体自己运动和摩擦来达到按摩减肥的效果。方法如下:

1. 俯卧在床,分开双腿,将身体放松,张开两肘,让两只手交叠放于下颌下方。
2. 全身松弛后,将腹部贴床面,以肚脐为中心,左右摇摆,利用床面揉搓腹部10次。
3. 按以上方法上下揉搓腹部10次。
4. 立起脚跟,脚尖用力,使大腿悬空,上下揉搓腹部10次,再左右揉搓10次。

臀部按摩法

按摩臀部有助于减少臀部赘肉,方法如下:

双手朝下置于腰旁的臀部两侧。双手的手掌和指腹紧贴在臀侧,慢慢向下按摩至大腿位置,向上回到原点。重复以上动作10~20次。

PART 4
7岁以上 瘦身计划

校园里"小胖子"越来越多的今天,儿童减肥已经成为一个不可忽视的课题。7岁以上的孩子已经开始进入校园,如果不进行减肥的话可能会诱发高血压和糖尿病,或造成注意力不够集中的表现,对智力也有影响;那么7岁以上的儿童减肥的最好方法是什么呢?本章节将为家长们介绍7岁以上儿童减肥的饮食安排,希望可以给需要的家长朋友们提供一些帮助。

7岁以上孩子所需营养与饮食规划

7～18岁，孩子从小学进入到中学，经历着从学龄期、青春期，向成人的过渡。10岁左右，孩子进入青春发育期，身高和体重会出现较为明显的差异，第二性征开始发育。14～16岁，孩子生长发育进入最高峰，第二性征基本全部体现。到了18岁，孩子心理和生理特征基本接近成人。

除了外表的变化，孩子内心会渴望得到成人式的信任和尊重，还有可能会出现叛逆、孤独等情绪。父母在这一阶段应积极与孩子沟通，理解孩子的心理需要，正确引导孩子的行为。

一、发育情况

7～18岁的孩子对营养素的需求量也相应增多，且新陈代谢旺盛。进入青春期后，青少年食欲会增大，但是如果进食过多，尤其是高热量的饮食摄入过多，活动又少，则可能导致肥胖。尤其是女孩，进入青春期后，一下子变得文静、害羞，较剧烈的活动很少参加，再加上饮食不合理，势必会长胖。

要控制这一阶段孩子的体重，首先得让孩子意识到肥胖的危害，养成"能站就不坐，能坐就不躺"的习惯，改变在电视机和电脑前久坐的习惯，不吃零食、不喝碳酸饮料，且保证充足的睡眠和适量的体力活动。家长可以多鼓励孩子参与户外运动，如骑单车、游泳、跑步、打篮球等。

二、每日营养需求

7~10岁儿童每日营养需求

能量	1700 ~ 2100 千卡	蛋白质	60 ~ 70 克
脂肪	总能量的25% ~ 30%	烟酸	9 毫克烟酸当量
叶酸	200 微克叶酸当量	维生素 A	600 微克维生素 A 当量
维生素 B_1	0.9 毫克	维生素 B_2	1.0 毫克
维生素 B_6	0.7 毫克	维生素 B_{12}	1.2 微克
维生素 C	80 毫克	维生素 D	10 毫克
维生素 E	7 毫克 α-生育酚当量	钙	800 毫克
铁	12 毫克	锌	13.5 毫克
镁	250 毫克	磷	700 毫克

11~18岁儿童每日营养需求

能量	2200 ~ 2900 千卡	蛋白质	75 ~ 85 克
脂肪	总能量的25% ~ 30%	烟酸	12 毫克烟酸当量
叶酸	300 微克叶酸当量	维生素 A	700 ~ 800 微克维生素 A 当量
维生素 B_1	1.2 毫克	维生素 B_2	1.2 毫克
维生素 B_6	0.9 毫克	维生素 B_{12}	1.8 微克
维生素 C	90 毫克	维生素 D	5 毫克
维生素 E	10 毫克 α-生育酚当量	钙	1000 毫克
铁	16 ~ 20 毫克	锌	15 ~ 19 毫克
镁	350 毫克	磷	1000 毫克

三、科学瘦身饮食原则

肥胖孩子的健康饮食，不仅要注意营养素的搭配平衡，还要限制热量摄入。一天饮食中三大产热营养素的摄入量在总热量中的比例为糖类55% ~ 60%，蛋白质15% ~ 20%，脂肪25% ~ 30%。合理安排每日膳食，在饮食多样化的前提下，多食用蛋白质、维生素、矿物质含量丰富的食物，如鱼类、蛋类、蔬菜、水果，少吃脂肪含量高的食物，并适量增加优质蛋白和不饱和脂肪酸的供给量。

肥胖孩子往往更喜欢荤食和甜食，且饱腹感较正常孩子要差，因此，肥胖孩子的饮食宜多粗粮、蔬菜。吃饭时可先喝汤，再吃蔬菜，最后吃肉。烹饪时可将食材切大点，少盐、少糖和少味精。

四、瘦身美食

早餐

早餐要摄入足够的热量,以保证上午的活动,应包含淀粉类食物、优质蛋白和蔬菜三大类。淀粉类食物宜选择玉米、燕麦、全麦等粗杂粮,或粗细粮搭配食用,不宜选择白面包、蛋糕等食物;富含优质蛋白的食物宜选择豆类、乳类或蛋类。

红豆黑米豆浆

原料:

水发红豆30克,水发黑米35克,水发黄豆45克

做法:

1. 将黑米、红豆、黑豆倒入碗中,加适量清水,用手搓洗干净,沥干水分。
2. 将黑米、红豆、黑豆倒入豆浆机中,注入适量清水,选择"五谷"程序,开始打浆。
3. 待豆浆机运转约20分钟,关闭电源。
4. 把煮好的豆浆倒入滤网,滤取豆浆。
5. 将滤好的豆浆倒入碗中,用汤匙捞去浮沫即成。

黑米含糖类、B族维生素、钙、磷、钾、镁、铁、锌等营养元素,其中的B族维生素可促进脂肪的分解、代谢,减少体内脂肪的堆积。

橘柚豆浆

原料：

水发黄豆50克，柚子肉30克，橘子肉30克

柚子营养价值很高，具有理气化痰、润肺清肠、补血健脾等功效，与橘子一样都富含维生素C，可促进脂肪的代谢，起到瘦身的作用。

做法：

1. 将已浸泡好的黄豆洗净，沥干。
2. 将橘子肉、柚子肉、黄豆倒入豆浆机中，注入适量清水，至水位线即成。
3. 盖上豆浆机机头，选择"五谷"程序，再选择"开始"键，开始打浆。
4. 待豆浆机运转约15分钟，即成豆浆；把煮好的豆浆倒入滤网，滤取豆浆。
5. 将滤好的豆浆倒入杯中即成。

虾皮紫菜豆浆

紫菜热量低,还含有丰富的膳食纤维;搭配黄豆同食,不仅能起到减肥瘦身的作用,还能满足儿童正常生长发育需要,既补蛋白质又补碘。

做法:

1. 将黄豆用水搓洗干净,沥干水分。
2. 将洗好的虾米、黄豆、紫菜倒入豆浆机中,注入适量清水。
3. 盖上豆浆机机头,选择"五谷"程序,再选择"开始"键,开始打浆。
4. 待豆浆机运转约15分钟,即成。
5. 将豆浆机断电,取下机头;把煮好的豆浆倒入滤网,滤取豆浆。
6. 将过滤好的豆浆倒入杯中,加入盐,搅匀即成。

原料:

水发黄豆40克,紫菜、虾皮各少许

调料:

盐少许

玉米枸杞豆浆

原料：
水发黄豆45克，玉米粒35克，枸杞8克

玉米含有蛋白质、膳食纤维、亚油酸、钙、磷、铁等营养成分，不仅具有增强免疫力、清热理气等功效，还能减少糖类转化为脂肪，适合肥胖儿童长期食用。

做法：
1. 将黄豆、玉米粒、枸杞倒入豆浆机中，注入适量清水，至水位线即成。
2. 盖上豆浆机机头，选择"五谷"程序，再选择"开始"键，开始打浆。
3. 待豆浆机运转约15分钟，即成。
4. 将豆浆机断电，取下机头，把煮好的豆浆倒入滤网，滤取豆浆。
5. 将滤好的豆浆倒入碗中，用汤匙撇去浮沫，待稍微放凉后即可饮用。

栗子小·米粥

小米中钙、维生素A、维生素D、维生素C和维生素B_{12}含量很高,具有健脾和胃、补益虚损、和中益肾的功效,是虚胖型儿童的食疗佳品。

原料:
水发大米150克,水发小米100克,熟板栗80克

做法:

1. 把熟板栗切小块,再剁成细末,备用。
2. 砂锅中汆入适量清水烧开,倒入洗净的大米、小米,搅匀,使米粒散开。
3. 盖上盖,煮沸后转小火煮约30分钟,至米粒熟软。
4. 揭开盖子,将锅中米粥搅拌匀,续煮片刻至食材熟软。
5. 关火,盛出煮好的米粥,装入汤碗中,撒上板栗末即成。

山药乌鸡粥

原料:
水发大米145克,乌鸡块200克,山药65克,姜片、葱花各少许

调料:
盐、鸡粉各2克,料酒4毫升

做法:
1. 将去皮洗净的山药切滚刀块。
2. 锅中注入适量清水烧开,倒入乌鸡块、加料酒,焯去血水,捞出,沥干水分。
3. 砂锅中注入清水烧热,倒入乌鸡块、大米,撒上姜片,搅拌均匀。
4. 盖上盖,烧开后调小火煮约25分钟,至米粒熟软;倒入切好的山药,搅拌匀,用小火续煮约20分钟,至食材熟透。
5. 揭盖,加入盐、鸡粉,拌匀调味。
6. 关火,将煮好的粥装入碗中,撒上葱花即成。

双米银耳粥

银耳不仅是滋补良药,具有补脾开胃、益气清肠、安眠健胃之功,也是富含膳食纤维的减肥食品,其所含膳食纤维可帮助胃肠蠕动,减少机体对脂肪的吸收。

原料:

水发小米120克,水发大米130克,水发银耳100克

做法:

1. 洗好的银耳切去黄色根部,再切成小块,备用。
2. 砂锅中注水烧开,倒入洗净的大米,加入洗好的小米,搅匀。
3. 放入切好的银耳,继续搅拌匀。
4. 盖上盖,烧开后用小火煮30分钟,至食材熟透。
5. 揭盖,把煮好的粥盛出,装碗中即成。

豆渣鸡蛋饼

原料:
豆渣80克,鸡蛋2个,葱花少许

调料:
盐、鸡粉各2克,食用油适量

做法:

1. 将豆渣炒熟,备用。
2. 取一碗,打入鸡蛋,加入盐、鸡粉,再倒入豆渣、葱花,搅拌均匀,制成蛋液,待用。
3. 用油起锅,将部分蛋液倒入锅中,炒熟后盛入装有剩余蛋液的碗中,拌匀。
4. 煎锅置于火上烧热,倒入食用油烧热,将拌好的食材倒入锅中,摊开至成饼状,用小火煎至两面熟透。
5. 关火,盛出煎好的蛋饼,切成小块,装入盘中即成。

蛤蜊鸡蛋饼

蛤蜊具有高蛋白、含铁量高、含钙高、含锌高、低脂肪的特点，与鸡蛋制成饼食用，饱腹感强，热量也较低，不会增加肥胖儿童体重压力。

做法：

1. 鸡蛋打入碗中，放盐、鸡粉，调匀；放入洗净的蛤蜊肉，加葱花、盐、鸡粉、水淀粉、胡椒粉调匀。
2. 锅中注入适量油烧热，倒入部分蛋液，炒至八成熟，盛入装有剩余蛋液的碗中，搅拌均匀。
3. 煎锅注油，倒入混合好的蛋液，摊开，煎成饼状，将蛋饼翻面，煎至两面金黄色。把蛋饼盛出，切成扇形块即成。

原料：

蛤蜊肉80克，鸡蛋2个，葱花少许

调料：

盐2克，鸡粉2克，水淀粉5毫升，芝麻油2毫升，胡椒粉少许，食用油适量

西葫芦玉米饼

原料：
西葫芦100克，面粉200克，玉米粉100克，白芝麻15克

调料：
盐4克，鸡粉2克，食用油适量

做法：

1. 洗净的西葫芦切成粒。
2. 锅中注入适量清水烧开，倒入西葫芦，煮至八成熟，捞出备用。
3. 将备好的西葫芦与玉米粉拌匀，加入盐、鸡粉、面粉，搅拌均匀。
4. 先后加入清水、食用油，搅成面糊。
5. 煎锅热油，放入面糊，摊成饼状，煎至两面焦黄，再撒上白芝麻，略煎片刻。
6. 把煎好的西葫芦玉米饼盛出，装盘即成。

芹菜叶蛋饼

芹菜叶中含有丰富的维生素、蛋白质和钙质，丰富的钙质可以起到促进脂肪燃烧、提升新陈代谢的作用，推荐在减肥期间食用。

做法：

1. 沸水锅放适量食用油、芹菜叶，煮半分钟，捞出切碎。
2. 鸡蛋打散，加入少许盐、水淀粉、芹菜末，搅匀。
3. 烧热煎锅，注入适量食用油，倒入蛋液煎成饼。
4. 转小火，翻转蛋饼，煎至其熟透、呈焦黄色即成。

原料：
芹菜叶50克，鸡蛋2个

调料：
盐2克，水淀粉、食用油各适量

山药脆饼

原料：

面粉90克，去皮山药120克，豆沙50克，白糖30克

调料：

食用油适量

做法：

1. 山药对半切开，切块，装碗。山药块蒸熟后取出，放入保鲜袋中碾成泥。
2. 将山药泥放入大碗中，倒入80克面粉，注入约40毫升清水，搅拌均匀。
3. 将山药泥及面粉揉搓成光滑面团，套上保鲜袋，饧发30分钟。
4. 取出面团，撒少许面粉，搓成条分成剂子，压成饼状。
5. 撒上剩余面粉，用擀面杖擀薄成面皮，放豆沙，收紧开口，压扁成圆饼生坯。
6. 用油起锅，放入饼坯，煎至两面焦黄。再次翻面，稍煎片刻至脆饼熟透。
7. 关火盛出脆饼，装盘，均匀撒上白糖即可。

紫甘蓝萝卜丝饼

紫甘蓝含有的大量纤维素,能够增强胃肠功能,促进肠道蠕动;而其所含的铁元素,能够提高血液中氧气的含量,促进体内脂肪的燃烧,从而起到减肥的效果。

做法:

1. 将洗净的白萝卜、紫甘蓝分别切成丝。
2. 开水锅中,放入盐,倒入白萝卜、紫甘蓝,搅拌匀,煮至八成熟。
3. 把焯煮好的紫甘蓝和白萝卜捞出,沥干,装入碗中,放入葱花。
4. 打入鸡蛋,放盐、鸡粉、面粉,混合均匀,搅成糊状。
5. 煎锅中注入食用油烧热,放入面糊,摊成饼状,双面煎成金黄色。
6. 把面饼盛出,用刀切成小块,装盘即成。

原料:

紫甘蓝90克,白萝卜100克,鸡蛋1个,面粉120克,葱花少许

调料:

盐3克,鸡粉2克,食用油适量

荞麦凉面

原料：

荞麦面条100克，熟牛肉60克，胡萝卜45克，西蓝花40克，黄瓜35克，豆干30克

调料：

盐2克，鸡粉2克，生抽2毫升，老抽2毫升，料酒3毫升，水淀粉、食用油各适量

做法：

1. 熟牛肉切片；胡萝卜、黄瓜洗净，切片；西蓝花洗净切块；豆干切条。
2. 开水锅中，加盐、鸡粉、食用油，放入面条，煮至熟透后捞出，过凉水。
3. 油锅中倒入胡萝卜、西蓝花、黄瓜，加料酒、适量清水，下入熟牛肉、豆干。
4. 加鸡粉、盐、生抽、老抽、水淀粉，炒香；将食材盛入装有凉面的盘中即成。

艾叶煮鸡蛋

鸡蛋含有丰富的卵磷脂，进入血液后，会使脂肪的颗粒变小，阻止脂肪在血管壁的沉积，在满足肥胖儿童生长发育所需营养素的同时，达到辅助减肥的目的。

原料：

鸡蛋2个，鲜艾叶30克

做法：

1. 砂锅中注入适量清水烧热，倒入洗净的艾叶，放入备好的鸡蛋。
2. 大火烧开后转小火煮约20分钟。
3. 轻轻敲打鸡蛋外壳，使其裂开。
4. 转中火煮约10分钟，至鸡蛋上色。
5. 关火后取出煮好的鸡蛋，浸入凉开水中；待鸡蛋放凉后剥去蛋壳，摆放在盘中即成。

粉皮拌荷包蛋

原料：
粉皮160克，黄瓜85克，彩椒10克，鸡蛋1个，蒜末少许

调料：
盐、鸡粉各2克，生抽6毫升，辣椒油适量

做法：
1. 将黄瓜、彩椒切细丝，备用。
2. 开水锅中，打入鸡蛋，用中火煮约5分钟；捞出煮好的荷包蛋，放凉后切成小块，备用。
3. 取一个大碗，倒入泡软的粉皮，再放入黄瓜丝、彩椒丝，拌匀，撒上蒜末。
4. 加入盐、鸡粉、生抽、辣椒油，搅拌至食材入味。
5. 把拌好的食材盛入盘中，放上切好的荷包蛋即成。

白萝卜丝炒黄豆芽

黄豆芽营养丰富,含粗纤维、钙、磷、铁、烟酸、维生素C等营养成分;而白菜含水量高,且富含纤维素,可促进肥胖儿童体内脂肪的排泄。

做法:

1. 将白萝卜切成丝,彩椒切粗丝。
2. 开水锅中,加入盐,放入黄豆芽、白萝卜丝、彩椒丝,略煮片刻,捞出焯好的食材,沥干,待用。
3. 用油起锅,放入姜末、蒜末,爆香,倒入焯煮过水的食材,炒匀。
4. 加盐、鸡粉、蚝油、水淀粉调味,快速翻炒至食材入味。
5. 关火,将炒好的食材盛入盘中即成。

原料:

白萝卜400克,黄豆芽180克,彩椒40克,姜末、蒜末各少许

调料:

盐4克,鸡粉2克,蚝油10克,水淀粉6毫升,食用油适量

枸杞芹菜炒香菇

原料：
芹菜120克，鲜香菇100克，枸杞20克

调料：
盐2克，鸡粉2克，水淀粉、食用油各适量

做法：
1. 洗净的鲜香菇切成片，洗好的芹菜切成段，备用。
2. 用油起锅，倒入香菇，炒出香味；再下入备好的芹菜，翻炒均匀。
3. 注入少许清水，炒至食材变软。
4. 撒上枸杞，翻炒片刻。
5. 加入盐、鸡粉、水淀粉，炒匀调味。
6. 关火，盛出炒好的菜肴，装入备好的盘中即成。

黄瓜里脊片

黄瓜富含维生素B_2、维生素C、维生素E、胡萝卜素、钙、磷、铁等营养成分，其所含的丙醇二酸，可抑制糖类物质转变为脂肪，有助于肥胖儿童减肥瘦身。

原料：

黄瓜160克，猪瘦肉100克

调料：

鸡粉2克，盐2克，生抽4毫升，芝麻油3毫升，料酒适量

做法：

1. 将食材洗净，黄瓜切成斜刀块，猪瘦肉切成薄片。
2. 锅中注水烧开，倒入肉片，淋入料酒，拌煮至变色，捞出肉片，沥干水分，待用。
3. 取一个碗，加入纯净水、鸡粉、盐、生抽、芝麻油，拌匀，调成味汁，待用。
4. 另取一盘，把黄瓜、瘦肉叠放整齐。
5. 淋上味汁，摆好盘即成。

家常小炒黄瓜

原料：
黄瓜110克，彩椒65克，蒜末、葱末各少许

调料：
盐少许，鸡粉2克，生抽2毫升，水淀粉、食用油各适量

做法：
1. 将洗净的黄瓜切成块，洗好的甜椒切成小块。
2. 锅中注入食用油烧热，倒入蒜末、葱末，爆香。
3. 再放入黄瓜、甜椒，拌炒至食材混合均匀；淋入少许清水，翻炒均匀。
4. 加入鸡粉、盐、生抽，拌炒至锅中食材完全熟透、入味。
5. 再加入水淀粉，翻炒均匀。
6. 关火，盛入碗中即成。

西红柿炒丝瓜

丝瓜含蛋白质、脂肪、糖类、以及钙、磷、铁、维生素B_1、维生素C等营养成分,不仅具有化痰、清热、利湿的功效,还有利于肥胖儿童减肥瘦身。

做法:

1. 去皮洗净的丝瓜对半切开,切成小块;洗好的西红柿去蒂,切成小块。
2. 用油起锅,放入姜片、蒜末、葱花,爆香,倒入丝瓜,炒匀。
3. 锅中倒入少许清水,放入西红柿,快速翻炒匀;加入盐、鸡粉、水淀粉调味。
4. 盛出炒好的食材,装入盘中即成。

原料:

西红柿170克,丝瓜120克,姜片、蒜末、葱花各少许

调料:

盐2克,鸡粉2克,水淀粉3毫升,食用油适量

芝麻莴笋

原料：
莴笋200克，白芝麻10克，蒜末、葱白各少许

调料：
盐3克，鸡粉4克，蚝油5克，水淀粉、食用油各适量

做法：

1. 将去皮洗净的莴笋切成片。
2. 炒锅烧热，倒入白芝麻，炒出香味；将炒好的芝麻盛出，装入碗中，备用。
3. 锅中注水烧开，放入盐、鸡粉，倒入莴笋，煮至其断生，捞出，备用。
4. 用油起锅，放入蒜末、葱白、莴笋，炒匀；加入盐、鸡粉、蚝油，炒匀调味。
5. 倒入水淀粉，快速拌炒均匀。
6. 盛出炒好的菜肴，装入盘中，再撒上炒好的白芝麻即成。

凉拌马齿苋

马齿苋含有膳食纤维、钙、磷、烟酸、维生素C等多种营养成分,具有很高的营养价值和药用价值,有"天然抗生素"之称,是肥胖儿童的食疗佳品。

做法:

1. 将马齿苋洗净。
2. 锅中注入适量清水烧开,加入食用油、盐,倒入马齿苋,煮约1分钟后捞出,沥干水分。
3. 把焯过水的马齿苋倒入碗中,依次加入蒜末、盐、鸡粉、生抽、芝麻油,用筷子搅拌至食材入味。
4. 将拌好的马齿苋装入盘中即成。

原料:

马齿苋300克,蒜末15克

调料:

盐3克,鸡粉2克,生抽3毫升,芝麻油、食用油各适量

午餐

午餐既要补充上午的能量消耗，又要为下午的活动储备能量，因此午餐要保证蛋白质和脂肪的摄入。可以适当多吃些营养丰富，且热量中、低等，饱腹感强的食物，如胡萝卜、青菜、黄瓜、莴笋等。适量增加高蛋白的鸡蛋、鱼、瘦肉等的进食量，可延长消化时间，减少总进食量。忌不吃午餐或以水果代替午餐。

白菜炒菌菇

原料：
大白菜200克，蟹味菇60克，香菇50克，姜片、葱段各少许

调料：
盐3克，鸡粉少许，蚝油5克，水淀粉、食用油各适量

做法：
1. 将蟹味菇切去老茎，香菇切成片，大白菜切成小块。
2. 开水锅中，加盐、食用油，倒入白菜、香菇、蟹味菇，搅拌匀，煮约半分钟，捞出全部食材，沥干水分，待用。
3. 用油起锅，放入姜片、葱段，爆香。
4. 倒入食材，再加蚝油、鸡粉、盐，炒匀调味，倒入水淀粉，转中火，快速翻炒一会儿，至食材入味。
5. 关火后盛出食材，装入盘中即成。

白菜含有丰富的膳食纤维，不仅能抑制糖类转化为脂肪堆积在皮下，也能有效改善便秘；搭配香菇同食，还能提高肥胖儿童的抗病能力。

炒黄花菜

黄花菜不仅含有丰富的粗纤维，能刺激胃肠蠕动，促进机体内废物的排泄，带走肠道内的肪，还具有抗菌免疫的功能，是肥胖儿童的食疗佳品。

做法：

1. 洗好的彩椒切成条，黄花菜去蒂。
2. 锅中注入适量清水烧开，放入黄花菜，加盐，煮至沸，捞出，沥干水分，待用。
3. 用油起锅，放蒜末、彩椒，略炒片刻，倒入焯过水的黄花菜，炒匀。
4. 淋入料酒，加盐、鸡粉，炒匀调味。
5. 倒入备好的葱段，淋入水淀粉，翻炒至食材裹匀。
6. 关火，将炒好的黄花菜盛出，装入碗中即成。

原料：

水发黄花菜200克，彩椒70克，蒜末、葱段各适量

调料：

盐3克，鸡粉2克，料酒8毫升，水淀粉4毫升，食用油适量

花菜炒鸡片

原料：

花菜200克，鸡胸肉180克，彩椒40克，姜片、蒜末、葱段各少许

调料：

盐4克，鸡粉3克，料酒、蚝油、水淀粉、食用油各适量

做法：

1. 洗净的鸡胸肉切片，加盐、鸡粉、料酒腌渍10分钟至入味。
2. 将洗净切好的花菜、红椒倒入开水锅中，煮至断生，捞出。
3. 热锅注油，烧至四成热，倒入鸡肉片，搅散，滑油至变色，捞出。
4. 用油起锅，放姜片、蒜末、葱段，爆香，倒花菜、红椒、鸡肉片，加入料酒、盐、鸡粉、蚝油、水淀粉，炒匀。
5. 将炒好的食材盛出，装入盘中即成。

黄豆芽炒莴笋

黄豆芽具有清热明目、健脑的功效，其所含的营养素易被人体吸收；与莴笋搭配食用，不仅不会影响孩子控制体重，还能补充孩子所需的维生素 B_2 和铁。

做法：

1. 洗净去皮的莴笋切成丝，彩椒切成丝。
2. 锅中注水烧开，加入盐，倒入莴笋丝、食用油，搅散，加入彩椒丝。
3. 略煮片刻后捞出，沥干水分，待用。
4. 锅中热油，放入蒜末、葱段，爆香；倒入洗好的黄豆芽，炒匀。
5. 淋入料酒，炒匀，倒入焯好的莴笋和彩椒，翻炒几下，加盐、鸡粉、料酒、水淀粉，炒至食材入味。
6. 关火后盛出炒好的食材即成。

原料：

黄豆芽90克，莴笋160克，彩椒50克，蒜末、葱段各少许

调料：

盐3克，鸡粉2克，料酒10毫升，水淀粉4毫升，食用油适量

韭黄炒牡蛎

原料：

牡蛎肉400克，韭黄200克，彩椒50克，姜片、蒜末、葱花各少许

调料：

生粉15克，生抽8毫升，鸡粉、盐、料酒、食用油各适量

做法：

1. 将洗净的韭黄切段，彩椒切条，装入盘中，备用。
2. 牡蛎肉装入碗中，加料酒、鸡粉、盐、生粉，搅拌均匀。
3. 开水锅中，倒入牡蛎，略煮，捞出。
4. 用油起锅，放入姜片、蒜末、葱花，爆香，倒入牡蛎；淋入生抽、料酒，炒匀提味，放入彩椒、韭黄段，翻炒均匀。
5. 加入鸡粉、盐，炒匀调味。
6. 关火，盛出炒好的菜肴即成。

茄汁香煎三文鱼

三文鱼中含有丰富的不饱和脂肪酸，不仅能有效降低血脂和胆固醇，也可降低肥胖儿童发生并发症的概率，是肥胖儿童的食疗佳品。

做法：

1. 三文鱼块装入碗中，加盐、黑胡椒、鸡蛋清，加生粉，搅匀，腌渍15分钟。
2. 煎锅置于火上，倒入食用油烧热，放入三文鱼块，双面煎熟，装盘，待用。
3. 锅底留油烧热，倒入洋葱粒，炒软。
4. 放入备好的芦笋粒、彩椒粒和番茄酱，炒出香味；注入适量清水，搅匀，煮至沸；加入盐，调成味汁。
5. 将调成山制好的味汁，均匀地浇在鱼块上即成。

原料：

三文鱼块160克，洋葱粒45克，彩椒粒15克，芦笋20克，鸡蛋清20克

调料：

番茄酱15克，盐2克，黑胡椒粉2克，生粉、食用油各适量

芹菜烧豆腐

原料：
芹菜40克，豆腐220克，蒜末、红椒圈各少许

调料：
盐3克，鸡粉少许，生抽2毫升，老抽、水淀粉、食用油各适量

做法：

1. 将芹菜切成段，豆腐切成小块。
2. 开水锅中，放入盐、豆腐，煮2分半钟，捞出，沥干水分，待用。
3. 锅中注油烧热，倒入蒜末、芹菜，翻炒片刻，倒入少许清水，加生抽、盐、鸡粉炒匀调味。
4. 下入豆腐，煮至沸；加老抽，煮约2分钟后倒入水淀粉，快速翻炒匀。
5. 盛出炒好的菜肴，装入盘中，放上红椒圈即成。

清炒秀珍菇

秀珍菇中蛋白质含量丰富,氨基酸种类比较多,而且纤维含量少,热量极低,即使经常吃也不必担心发胖,是肥胖儿童的食疗佳品。

做法:

1. 将秀珍菇撕成小片,放在盘中,备用。
2. 用油起锅,下入姜末、蒜末,用大火爆香;放入秀珍菇,翻炒均匀。
3. 再注入清水,翻炒至食材熟软。
4. 淋入料酒,炒香、炒透,放入生抽、蚝油、盐、鸡粉,炒匀调味。
5. 淋入水淀粉勾芡,最后撒上葱末,翻炒片刻至入味。
6. 关火后盛出菜肴,放在碗中即成。

原料:

秀珍菇100克,姜末、蒜末、葱末各少许

调料:

盐2克,鸡粉少许,蚝油4克,料酒3毫升,生抽4毫升,水淀粉、食用油各适量

双菇炒苦瓜

原料：
茶树菇100克，苦瓜120克，口蘑70克，胡萝卜片、姜片、蒜末、葱段各少许

调料：
生抽3毫升，盐2克，鸡粉2克，水淀粉3毫升，食用油适量

做法：
1. 将洗净的茶树菇切成段，洗好的苦瓜和口蘑切成片。
2. 开水锅中，放入食用油，倒入切好的苦瓜、茶树菇、口蘑、胡萝卜片，煮至断生，捞出，待用。
3. 用油起锅，放入姜片、蒜末、葱段，爆香，倒入焯好的食材，翻炒均匀。
4. 放入生抽、盐、鸡粉，炒匀调味。
5. 淋入水淀粉，把锅内食材翻炒匀。
6. 盛出炒好的菜，装入盘中即成。

蒜薹木耳炒肉丝

木耳含胡萝卜素、维生素B₁、维生素B₂、烟酸、磷脂等营养素,被誉为"菌中之冠";搭配富含膳食纤维的蒜薹制作的菜肴,是肥胖儿童的减肥佳品。

原料:

蒜薹300克,猪瘦肉200克,彩椒50克,水发木耳40克

调料:

盐3克,鸡粉2克,生抽6毫升,水淀粉、食用油各适量

做法:

1. 将全部食材洗净,木耳切小块,彩椒切粗丝,蒜薹切段。
2. 猪瘦肉切丝,加盐、鸡粉,腌渍入味。
3. 将蒜薹、木耳块、彩椒倒入开水锅中,煮至食材断生后捞出,待用。
4. 用油起锅,倒入肉丝,淋入生抽,炒匀;倒入焯过水的食材,炒至变软,加入鸡粉、盐调味。
5. 淋入水淀粉,转中火快速翻炒匀。
6. 关火后盛出菜肴,装入盘中即成。

西瓜翠衣炒鸡蛋

原料：

西瓜皮200克，芹菜70克，西红柿120克，鸡蛋2个，蒜末、葱段各少许

调料：

盐3克，鸡粉3克，食用油适量

做法：

1. 将洗净的芹菜切段，西瓜皮切条，西红柿切瓣。
2. 鸡蛋打入碗中，放盐、鸡粉，调匀。
3. 用油起锅，倒入蛋液，炒至熟，盛出。
4. 锅中注入食用油烧热，倒入蒜末，爆香，倒入芹菜、西红柿，翻炒几下。
5. 加入西瓜皮，倒入炒熟的鸡蛋，略炒片刻，放入盐、鸡粉炒匀调味。
6. 关火，盛出炒好的西瓜翠衣炒鸡蛋，撒上葱段即成。

西芹木耳炒虾仁

西芹富含蛋白质、糖类、胡萝卜素、B族维生素、铁、钠等营养物质,因其产生的热量小于消化西芹所需的热量,故西芹是一种理想的绿色减肥食品。

做法:

1. 虾仁挑去虾线,加盐腌渍10分钟至入味;木耳撕小块;西芹洗净,切段。
2. 锅中注水烧开,加盐、食用油,倒入洗净木耳、西芹,煮1分钟,捞出。
3. 用油起锅,放切好的胡萝卜片、姜片、蒜末,爆香。
4. 倒入虾仁,淋入料酒,翻炒至变色;再下入木耳、西芹,炒至食材熟软。
5. 加盐、鸡粉、水淀粉调味,撒上葱段,炒匀,将锅中食材盛出即成。

原料:

西芹75克,木耳40克,虾仁50克,胡萝卜片、姜片、蒜末、葱段各少许

调料:

盐3克,鸡粉2克,料酒4毫升,水淀粉、食用油各适量

雪梨炒鸡片

原料：
雪梨90克，胡萝卜20克，鸡胸肉85克，姜末、蒜末、葱末各少许

调料：
盐3克，鸡粉2克，料酒5毫升，水淀粉、食用油各适量

做法：
1. 鸡胸肉切片，放入碗中，放入盐、鸡粉、水淀粉，腌渍入味。
2. 开水锅中，放入洗净切好的胡萝卜片、雪梨片，煮约1分钟，捞出，沥干水分。
3. 用油起锅，倒入鸡肉片，淋入料酒，炒匀；放入姜末、蒜末、葱末，翻炒至鸡肉转色，再倒入已煮好的食材，翻炒匀。
4. 加入盐、鸡粉，炒匀调味，待锅中水分快干时加入水淀粉，炒匀。
5. 关火，盛出炒好的菜肴即成。

海带拌豆苗

海带含有氨基酸、不饱和脂肪酸、钾和碘等营养成分,可促进身体的热量代谢;而枸杞中含有丰富的胡萝卜素,幼儿适量食用,可养肝明目,增强免疫力。

做法:

1. 将食材洗净,海带切成丝,放入开水锅中,加入食用油、盐,略煮。
2. 再下入豌豆苗,搅拌匀,略煮片刻后倒入枸杞,续煮一会儿,捞出焯煮好的食材,沥干水分,备用。
3. 把焯好的食材装入碗中,放入蒜末、鸡粉、盐,淋入蒸鱼豉油、陈醋、芝麻油,拌至食材入味。
4. 将拌好的食材装入盘中即成。

原料:

海带70克,枸杞10克,豌豆苗100克,蒜末少许

调料:

盐2克,鸡粉2克,陈醋6毫升,蒸鱼豉油8毫升,芝麻油2毫升,食用油适量

菠菜豆腐汤

原料：
菠菜120克，豆腐200克，水发海带150克

调料：
盐2克

做法：
1. 洗净的海带划开，切成小块；洗好的菠菜切段，备用。
2. 洗净的豆腐切条，再改切成小方块，装入盘中备用。
3. 锅中注入适量清水烧开，倒入切好的海带、豆腐，拌匀，用大火煮2分钟。
4. 倒入菠菜，用勺搅拌均匀，略煮一会儿至其断生。
5. 加入盐，拌煮均匀至汤汁入味。
6. 关火后盛出煮好的汤料，装入备好的碗中即成。

菠萝苦瓜鸡块汤

菠萝含有一种叫"菠萝朊酶"的物质,它能分解蛋白质,帮助消化,尤其是吃过肉类及油腻食物之后,吃些菠萝不但可以解油腻,还能预防脂肪沉积。

做法:

1. 苦瓜切成块,菠萝肉切成小块。
2. 开水锅中,倒入鸡肉块,拌匀,焯去血水,捞出,沥干水分,装盘待用。
3. 砂锅中注入适量清水烧开,倒入鸡肉块、姜片,拌匀,淋入料酒。
4. 烧开后煮约35分钟,倒入切好的苦瓜、菠萝,拌匀。再盖上盖,转小火煮约5分钟至锅中食材熟透。
5. 揭开盖,加入盐、鸡粉,拌匀调味;关火后盛出汤料,点缀上葱花即成。

原料:

鸡肉块300克,菠萝肉200克,苦瓜150克,姜片、葱花各少许

调料:

盐、鸡粉各2克,料酒6毫升

橄榄白萝卜排骨汤

原料：
排骨段300克，白萝卜300克，青橄榄25克，姜片、葱花各少许

调料：
盐2克，鸡粉2克，料酒适量

做法：
1. 洗净去皮的白萝卜切成小块。
2. 开水锅中，放入排骨段，煮约1分钟，焯去血水，捞出。
3. 砂锅中注入适量清水烧开，倒入排骨、青橄榄，撒上姜片，淋料酒提味。
4. 烧开后转小火煮至食材熟软，放入白萝卜块，煮沸后续煮20分钟至食材熟透。
5. 加入盐、鸡粉，搅拌均匀，续煮一会儿，至食材入味。
6. 关火后盛出汤料，装入汤碗中，撒入葱花即成。

山楂黑豆瘦肉汤

黑豆不含胆固醇，只含一种植物固醇，可有效降低血液中胆固醇含量。另外，其富含粗纤维，可以有效预防便秘发生，有助于肥胖儿童减肥瘦身。

做法：

1. 洗净的山楂切开，去核，切成小块；洗好的猪瘦肉切条，改切成丁，备用。
2. 砂锅中注入适量清水烧开，倒入黑豆、瘦肉丁、山楂，淋入料酒，拌匀。
3. 盖上盖，烧开后调小火煮约30分钟，至食材熟透；揭盖，放入鸡粉、盐调味。
4. 关火，盛出煮好的瘦肉汤，趁热撒上葱花即成。

原料：

山楂80克，水发黑豆120克，猪瘦肉150克，葱花少许

调料：

料酒10毫升，鸡粉2克，盐2克

香菇白菜黄豆汤

原料：
水发香菇60克，白菜50克，水发黄豆70克，白果40克

调料：
盐2克，鸡粉2克，胡椒粉适量

做法：
1. 洗好的白菜切成段，备用。
2. 锅中注入适量清水烧开，倒入备好的白果、黄豆，再放入洗好的香菇，拌匀。
3. 盖上锅盖，烧开后转小火煮约20分钟至食材熟软。
4. 揭开锅盖，倒入切好的白菜，搅匀，煮至断生。
5. 加入盐、鸡粉、胡椒粉，搅匀，使汤汁入味。
6. 关火，将煮好的汤料盛出，装入备好的碗中即成。

竹荪冬瓜豆腐丸子汤

冬瓜中所含的丙醇二酸，能有效地抑制糖类转化为脂肪，加之冬瓜本身脂肪含量较低，热量不高，对预防人体发胖具有积极意义。

做法：

1. 豆腐切小块，竹荪切段，冬瓜切片。
2. 将牛肉末装入碗中，放入姜末、葱花，加料酒、蚝油、盐、胡椒粉，淋入芝麻油，搅至起浆，再倒入生粉，搅拌匀。
3. 开水锅中，放入豆腐、冬瓜、竹荪，煮至沸，下入牛肉馅制成的肉丸，加入盐、鸡粉、芝麻油，搅匀调味。
4. 将煮好的汤料盛出，装入碗中，趁热撒上葱花即成。

原料：

豆腐200克，水发竹荪50克，冬瓜200克，牛肉末100克，姜末、葱花各少许

调料：

料酒4毫升，蚝油8克，盐2克，胡椒粉少许，芝麻油4毫升，生粉10克，鸡粉2克

竹荪薏米排骨汤

原料：
排骨段300克，水发薏米90克，水发竹荪50克，姜片、葱段各少许

调料：
盐3克，鸡粉少许

做法：
1. 锅中注入适量清水烧开，放洗净的排骨段，拌匀，大火煮半分钟，焯去血水，捞出，沥干水分，待用。
2. 砂锅注水烧热，倒入焯过水的排骨段，放入洗净的薏米、竹荪、姜片、葱段。
3. 煮沸后转小火煮约60分钟，至全部食材熟透。
4. 揭盖，加入盐、鸡粉，拌匀调味；转中火续煮至汤汁入味。
5. 关火，盛出煮好的排骨汤，装入备好的碗中即成。

晚餐

为了减少晚餐的进食量，可以在餐前半小时左右喝一杯水或一小碗蔬菜汤。晚餐宜清淡、偏素，应多摄入新鲜的蔬菜、豆类和瘦肉，尽量减少食用高脂肪、高热量和高胆固醇的食物，少食甜食和动物性脂肪。晚餐后不宜食用零食。

鲫鱼薏米粥

原料：
鲫鱼400克，薏米100克，大米200克，枸杞、葱花各少许

调料：
盐、鸡粉各2克，料酒、芝麻油各适量

做法：
1. 处理干净的鲫鱼切成大块，备用。
2. 砂锅中注入适量清水烧热，倒入薏米、大米，放入鲫鱼，拌匀。
3. 大火煮开后转小火煮40分钟至食材熟透，加入料酒，拌匀，再盖上盖，焖煮，去除腥味，闷开盖了，放入枸杞，续煮5分钟至其熟软。加入盐、鸡粉、芝麻油，拌匀。
4. 关火后盛出粥，装入碗中即成。

薏米性凉，味甘、淡，入脾、肺、肾经，具有利水、健脾、清热排脓的功效，其所含油脂大多为不饱和脂肪酸，有利于清除积存在血管壁上的胆固醇。

砂锅鱼片粥

原料：

大米200克，草鱼肉130克，蛋清适量，姜丝、香菜叶各少许

调料：

盐、鸡粉各2克，生粉少许

做法：

1. 将大米倒入碗中，注入适量清水，搓洗干净，待用。
2. 洗好的草鱼肉用斜刀切片，装入碗中，加盐、蛋清、生粉，拌匀，腌渍10分钟。
3. 砂锅中注入适量清水烧开，倒入大米，拌匀；用大火煮开后转小火煮约30分钟至大米熟软。
4. 加入盐、鸡粉、姜丝，再下入腌好的鱼片，略煮片刻至鱼肉熟软。
5. 关火后盛出煮好的鱼片粥，点缀上香菜叶即成。

芥菜鸡肉炒饭

芥菜不仅含有丰富的维生素A、B族维生素、维生素C和维生素D，还含有较多的食用纤维，有明目与宽肠通便的作用，可防治便秘，减少人体对脂肪的吸收。

原料：

米饭160克，鸡肉末80克，芥菜70克，胡萝卜30克，圆椒35克

调料：

鸡粉1克，盐2克，食用油适量

做法：

1. 洗好的圆椒、胡萝卜分别切丁，芥菜梗切块，芥菜叶切碎。
2. 开水锅中，加入食用油、盐，倒入圆椒、胡萝卜、鸡肉末，煮至变色；再倒入芥菜，煮约半分钟，捞出全部食材，沥干水分，待用。
3. 炒锅置火上，注入食用油烧热，倒入米饭，用小火炒松散。
4. 倒入煮过的材料，炒匀、炒香。
5. 加盐、鸡粉，炒至食材入味。
6. 关火后盛出炒好的食材即成。

绿豆薏米饭

原料：

水发绿豆30克，水发薏米30克，水发糙米50克

做法：

1. 将准备好的食材洗净，装入碗中，混合均匀；倒入适量清水，备用。
2. 将装有食材的碗放入烧开的蒸锅中。
3. 盖上锅盖，用中火蒸40分钟，至食材完全熟透。
4. 揭开盖子，把蒸好的绿豆薏米饭取出，待稍微放凉后即可食用。

茼蒿饭

茼蒿内含丰富的维生素、胡萝卜素及多种氨基酸,具有清血养心、润肺化痰的功效,所含的膳食纤维能抑制糖类转化为脂肪,是肥胖儿童的食疗佳品。

做法:

1. 洗净的茼蒿切去根部,再切碎,待用。
2. 锅注油烧热,倒入切好的茼蒿,翻炒一会儿;再倒入备好的米饭,快速将米饭炒松散,至散发出香味。
3. 加入盐、鸡粉,炒匀调味。
4. 放入葱花,快速拌炒匀,盛出炒好的茼蒿饭,装入盘中即成。

原料:

茼蒿70克,米饭200克,葱花少许

调料:

盐2克,鸡粉2克,食用油适量

鱼肉蒸糕

原料：
草鱼肉170克，洋葱30克，蛋清少许

调料：
盐2克，鸡粉2克，生粉6克，黑芝麻油适量

做法：

1. 将洋葱切成小块，草鱼肉切成丁。
2. 取榨汁机，将鱼肉、洋葱、蛋清倒入其中，搅成肉泥，装入碗中。
3. 放盐、鸡粉、生粉，倒入黑芝麻油，拌匀，制成饼坯。
4. 把饼坯放入烧开的蒸锅中，用大火蒸约7分钟，即成鱼肉糕。
5. 把蒸好的鱼肉糕取出，切成小块，装入盘中即成。

荞麦猫耳面

荞麦含有维生素B_1、维生素B_2、维生素E、柠檬酸、苹果酸、钙、磷、铁等营养物质,因其膳食纤维含量丰富,在增加肥胖儿童饱腹感的同时,减少热量摄入。

做法:

1. 将彩椒、黄瓜、胡萝卜、西红柿分别切成粒。
2. 荞麦粉装入碗中,放入盐、鸡粉,加入清水,搅匀,反复揉搓成面团。
3. 将荞麦面团挤成猫耳面剂子,摘下,制成猫耳面生坯。
4. 开水锅中,倒入鸡汁,放入彩椒、胡萝卜、黄瓜、西红柿,加入盐、鸡粉,用大火煮2分钟。再放入猫耳面,煮至猫耳面熟透。
5. 关火后盛出煮好的面食即成。

原料:

荞麦粉300克,彩椒60克,胡萝卜80克,黄瓜80克,西红柿85克,葱花少许

调料:

盐4克,鸡粉4克,鸡汁8克

白菜梗拌胡萝卜丝

原料：
白菜梗120克，胡萝卜200克，青椒35克，蒜末、葱花各少许

调料：
盐3克，鸡粉2克，生抽3毫升，陈醋6毫升，芝麻油适量

做法：
1. 将白菜梗、胡萝卜、青椒分别切成丝，待用。
2. 锅中注水烧开，加入盐，倒入胡萝卜丝，煮约1分钟；放入白菜梗、青椒，拌匀，煮至断生后捞出，沥干水分。
3. 把沥干水的食材装入碗中，加入盐、鸡粉、生抽、陈醋、芝麻油。
4. 撒上蒜末、葱花，搅拌至食材入味。
5. 取一个干净的盘子，将拌好的材料盛出即成。

萝卜缨拌豆腐

萝卜缨富含膳食纤维，不仅能阻止糖类转化为脂肪，还能防止食物中的脂肪被人体吸收；与富含优质蛋白的豆腐同食，对肥胖儿童减肥有一定的食疗作用。

做法：

1. 豆腐切成块，洗净的萝卜缨切碎，备用。
2. 开水锅中，加入盐、食用油，倒入萝卜缨、豆腐，搅匀，煮半分钟，捞出。
3. 另起锅，注入清水，放入盐，倒入花生米，烧开后调小火煮10分钟，捞出。
4. 将萝卜缨、豆腐放入碗中，倒入花生米；放入蒜末，加入鸡粉、盐、生抽、陈醋、芝麻油，拌匀调味。
5. 将拌好的食材盛出，装入盘中即成。

原料：

萝卜缨100克，豆腐200克，水发花生米100克，蒜末少许

调料：

盐3克，鸡粉2克，生抽3毫升，陈醋5毫升，芝麻油2毫升，食用油适量

紫甘蓝拌茭白

原料：
紫甘蓝150克，茭白200克，圆椒50克，蒜末少许

调料：
盐2克，鸡粉2克，陈醋4毫升，芝麻油3毫升，生抽、食用油各适量

做法：
1. 将洗净的茭白、圆椒、紫甘蓝分别切成细丝。
2. 锅中注水烧开，加入食用油，倒入茭白，煮半分钟至其五成熟；加入切好的紫甘蓝、彩椒，再煮半分钟至断生，捞出，沥干水分。
3. 将焯过水的食材装入碗中，放入蒜末。
4. 加入生抽、盐、鸡粉，淋入陈醋、芝麻油，用筷子搅拌均匀。
5. 将拌好的食材盛出，装入盘中即成。

菠菜炒香菇

香菇含有蛋白质、B族维生素、维生素C、磷、镁、钾等营养成分，其中的B族维生素可促进脂肪的代谢；搭配菠菜食用，可促进肥胖幼儿体内多余脂肪的排出。

做法：

1. 洗好的香菇去蒂，切成粗丝；洗净的菠菜切去根部，再切成长段。
2. 锅置火上，淋入少许橄榄油，烧热。
3. 倒入蒜末、姜末，爆香；放入香菇，炒出香味。
4. 淋入料酒，翻炒匀后倒入菠菜，大火炒至食材变软。加入盐、鸡粉，炒匀调味。
5. 关火，盛出炒好的菜肴，装入备好的盘中即成。

原料：

菠菜150克，鲜香菇45克，姜末、蒜末、葱花各少许

调料：

盐、鸡粉各2克，料酒4毫升，橄榄油适量

马蹄炒荷兰豆

原料：

马蹄肉90克，荷兰豆75克，红椒15克，姜片、蒜末、葱段各少许

调料：

盐3克，鸡粉2克，料酒4毫升，水淀粉、食用油各适量

做法：

1. 洗净的马蹄肉切片，洗好的红椒切块。
2. 锅中注入适量清水烧开，放入食用油、盐，倒入洗净的荷兰豆，搅匀，煮约半分钟；放入马蹄肉、红椒，搅匀，再煮半分钟，捞出所有食材，待用。
3. 用油起锅，放姜片、蒜末、葱段，爆香，下入焯好的食材，快速翻炒匀，淋入料酒，炒香。
4. 加盐、鸡粉、水淀粉，炒匀调味。
5. 将炒好的菜肴盛出，装盘即成。

丝瓜炒蛤蜊

丝瓜含蛋白质、钙、磷、铁及维生素B_1、维生素C,具有化痰、清热、利湿的功效;与蛤蜊同食,能促进肥胖儿童体内多余的胆固醇的排出。

做法:

1. 将丝瓜切小块,红椒去籽、切小块。
2. 用油起锅,放入姜片、蒜末、葱段,爆香,倒入红椒、丝瓜,炒至食材变软。
3. 放入洗净的蛤蜊,加少许清水,炒至食材断生;转小火,加盐、鸡粉、生抽,炒至食材熟透。
4. 待锅中汤汁收浓,倒入水淀粉勾芡,炒至入味。关火后盛出炒好的菜肴即成。

原料:

蛤蜊100克,丝瓜120克,红椒20克,姜片、蒜末、葱段各少许

调料:

盐、鸡粉各2克,生抽5毫升,水淀粉、食用油各适量

素炒藕片

原料：
莲藕150克，彩椒100克，水发木耳45克，葱花少许

调料：
盐3克，鸡粉4克，蚝油10克，料酒10毫升，水淀粉5毫升，食用油适量

做法：
1. 彩椒、木耳分别切小块，莲藕切片。
2. 开水锅中，加入盐、鸡粉、食用油，倒入莲藕片，搅匀，煮至沸。
3. 放入木耳、彩椒块，拌匀，略煮片刻后捞出，沥干水分，待用。
4. 用油起锅，倒入焯过水的食材，放入蚝油、盐、鸡粉、料酒，炒匀提味。
5. 倒入水淀粉，迅速翻炒匀。
6. 盛出炒好的菜品，装入盘中，撒上葱花即成。

胡萝卜炒口蘑

口蘑营养价值较高，其所含的植物纤维，可促进体内脂肪的排出，还具有防止便秘、强身补血的功效，肥胖儿童适量食用，还可增强机体免疫力。

做法：

1. 洗净的口蘑、胡萝卜切片。
2. 锅中注水烧开，放入盐、食用油，倒入胡萝卜片、口蘑，煮至全部食材断生，捞出，沥干水分。
3. 用油起锅，放姜片、蒜末、葱段，爆香；倒入焯过水的胡萝卜、口蘑，淋入料酒、生抽，炒香，炒透。
4. 转小火，加入盐、鸡粉、水淀粉，炒匀调味。将炒好的菜肴盛入盘中即成。

原料：

胡萝卜120克，口蘑100克，姜片、蒜末、葱段各少许

调料：

盐、鸡粉各2克，料酒3毫升，生抽4毫升，水淀粉、食用油各适量

西葫芦炒鸡蛋

原料：
鸡蛋2个，西葫芦120克，葱花少许

调料：
盐2克，鸡粉2克，水淀粉3毫升，食用油适量

做法：
1. 将西葫芦对半切开，切成片。
2. 鸡蛋打入碗中，加入盐、鸡粉，调匀。
3. 开水锅中，放入盐、食用油，倒入西葫芦，煮1分钟，捞出，待用。
4. 另起锅，注入适量食用油烧热，倒入蛋液，快速拌炒至鸡蛋熟；再倒入西葫芦，翻炒均匀。
5. 加盐、鸡粉，炒匀调味，再倒入水淀粉，放入葱花，拌炒均匀。
6. 起锅，盛出炒好的菜肴即成。

腐皮菠菜卷

菠菜不仅含有丰富的维生素A、维生素C及矿物质,还富含膳食纤维,能有效阻止糖类转化为脂肪,防止便秘,是肥胖儿童的食疗佳品。

做法:

1. 将菠菜切碎,木耳、胡萝卜切细丝,放入开水锅中,煮至断生后捞出。
2. 用油起锅,倒入姜片、蒜末、葱段,爆香,放入焯好的食材;加料酒、盐、鸡粉、生抽、芝麻油,翻炒匀,制成馅料。
3. 取豆皮,放入馅料,卷好用水淀粉封口;把菠菜卷放入蒸盘中,蒸约3分钟。
4. 揭盖,取出蒸盘,浇上热油即成。

原料:

水发豆皮60克,菠菜70克,胡萝卜50克,水发木耳40克,姜片、蒜末、葱段各少许

调料:

盐3克,鸡粉3克,料酒2毫升,生抽3毫升,芝麻油、水淀粉、食用油各适量

芦笋煨冬瓜

原料：
冬瓜230克，芦笋130克，蒜末、葱花各少许

调料：
盐1克，鸡粉1克，水淀粉、芝麻油、食用油各适量

做法：
1. 洗净的芦笋切段，冬瓜去皮切块。
2. 锅中注水烧开，倒入冬瓜块、芦笋段、食用油，拌匀，煮约半分钟，至食材断生后捞出。
3. 用油起锅，倒入蒜末、葱花，爆香；倒入焯过水的材料，炒匀。
4. 加盐、鸡粉，倒入少许清水，炒匀；大火煨煮约半分钟，至食材熟软。
5. 加水淀粉、芝麻油、葱花，炒至入味。
6. 关火后盛出锅中的菜肴即成。

芙蓉竹荪汤

竹荪含有多种氨基酸、维生素、无机盐等，能够保护肝脏，减少腹壁脂肪的积存，有"刮油"的功效，可降血压、降血脂和减肥。

原料：

水发竹荪70克，鸡蛋1个，葱花少许

调料：

盐2克，鸡粉2克，芝麻油2毫升，食用油适量

做法：

1. 洗好的竹荪切成段；鸡蛋打入碗中，打散调匀，备用。
2. 锅中注入适量清水烧开，放入盐、鸡粉，淋入食用油。
3. 放入竹荪，搅散开，煮沸后续煮约2分钟，至其断生。
4. 倒入蛋液，拌煮片刻；淋入芝麻油，拌匀调味。
5. 关火后盛出煮好的汤料，装入汤碗中，撒入葱花即成。

金针菇瘦肉汤

原料：
金针菇200克，猪瘦肉120克，姜片、葱花各少许

调料：
盐2克，鸡粉2克，料酒4毫升，胡椒粉适量

做法：
1. 洗净的猪瘦肉切成片，待用。
2. 开水锅中，倒入肉片，淋入料酒，焯去血水，捞出待用。
3. 锅中注入适量清水烧开，倒入肉片、姜片，用大火略煮一会儿。
4. 倒入洗净的金针菇，搅匀，煮至沸；加入盐、鸡粉、胡椒粉，搅匀调味。
5. 待锅中食材熟透后，用勺撇去浮沫。
6. 关火，盛出煮好的瘦肉汤即成。

萝卜瘦身汤

白萝卜含有膳食纤维、钙、磷、铁、钾、维生素C、叶酸等营养成分,具有增强免疫力、促进消化、瘦身排毒、生津去燥等功效,是肥胖儿童的瘦身佳品。

原料:

白萝卜350克,山楂30克,麦芽、枸杞、槐花各少许

调料:

盐2克

做法:

1. 将洗净的山楂切去头尾,去核,再切小块;洗好去皮的白萝卜切细丝,备用。
2. 砂锅中注入适量清水烧开,倒入备好的枸杞、麦芽、山楂、槐花、白萝卜,搅拌均匀。
3. 盖上盖,烧开后转小火煮约20分钟至食材熟透。
4. 揭开盖,加入盐,搅拌均匀,略煮片刻至食材入味。关火后盛出煮好的萝卜瘦身汤,装入碗中即成。

五、瘦身运动

7 岁及以上宝宝运动：丢沙包

运动效果：沙包游戏有利于改善血液系统、呼吸系统、消化系统的机能状况，促进儿童骨骼、肌肉的生长发育，提高人体的适应能力和抗病能力，还可提高儿童的反应速度和判断能力，激发儿童的积极性、创造性和主动性。

游戏人数：3人以上，其中2名玩家作为投掷手，其余玩家作为幸存者。

游戏道具：沙包3枚，其中2枚沙包作为预备沙包，由2名投掷手随身各携带1枚，剩余1枚自由沙包放置于任意1名投掷手手中，游戏时作为投掷物使用。

场地分布规则：

1. 投掷手投出沙包后可自由活动，但在非强制打击回合不得踩踏打击区，并且负责投掷的投掷手必须处于投掷区内掷出沙包，否则该打击或蓄力无效。

2. 游戏开始直至游戏结束的时间段内，尚未出局的幸存者需在打击区内活动，任何时刻都不得越出打击区界外或踩踏打击区边界，否则自动出局。

打击规则：

在任意回合，投出的沙包若是击中任何一名幸存者后落地，则打击成功，若被击中的幸存者蓄存的命值等于0，则该玩家即刻出局，在下一回合开始前离开打击区。

蓄力规则：

1. 投出的沙包若在落地前被另外一名投掷手成功接住，则蓄力成功，投掷

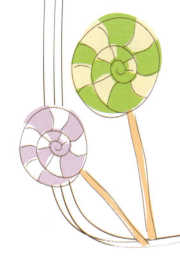

手队获得 1 点蓄力点数。

2. 沙包击中幸存者，或者负责接沙包的投掷手未能成功接住沙包，投掷手队蓄力点数都清零，重新开始蓄力。

自由回合和强制打击回合切换规则：

1. 游戏过程中分为自由打击回合和强制打击回合。刚开始默认为自由打击回合。

2. 投掷手队连续获得 3 点蓄力点数，游戏自动进入强制打击回合。

3. 强制打击回合结束后，游戏回到自由打击回合。

强制打击规则：

1. 在强制打击回合中，持有自由沙包的投掷手，从投掷区边界开始，进入打击区内任意方向连跑 3 步打击场内幸存者。

2. 在强制打击回合，当前未拥有自由沙包的投掷手，可取出随身携带的沙包，连同拥有自由沙包的投掷手同时投掷沙包打击场内幸存者。

3. 投掷手队可以选择以上两种强制打击方式中的任意一种，但两种强制打击方法不得同时使用，否则打击无效。因此，投掷手队队员常用暗号快速传递强制回合开始后的打击方式。

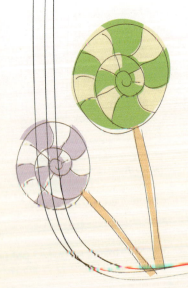

幸存者复活规则：

1. 任意回合，投出的沙包若在落地前被场内任意一名幸存者接住以致不能落地，则接住沙包的幸存者得 1 分，可蓄命 1 次（蓄命上不封顶），或是复活任意一名拥有复活资格的出局幸存者。

2. 每名幸存者拥有 1 次复活资格。

游戏结束：

全部幸存者出局，则投掷手胜利，游戏结束。

六、按摩瘦身

肚子经络按摩法

肚子经络按摩是借助人体经络走势进行按摩，若能坚持练习，会有较为明显的减肥效果。

第1条经络

1. 双手重叠放在肝区(身体右侧第11、12根肋骨附近)，顺时针转圈按揉50下，再逆时针转圈按揉50下。

2. 双手重叠放在脾区(身体左侧第11、12根肋骨附近)，顺时针转圈按揉50下，再逆时针转圈按揉50下。

第2条经络

1. 以肚脐为中心，用手掌在腹部沿逆时针方向画问号按揉。

2. 先按摩右侧30下，再按摩左侧30下。

第3条经络

1. 双手十指略张开，将指尖竖直放在肚脐下小腹处。

2. 从小腹处向上腹部抓捏，轻轻提起腹部肌肉，按上述动作重复8次(提起再放下为1次)。

3. 将手指横向放置，然后横向抓捏8次。

穴位按摩法

穴位按摩具有刺激人体特定穴位，激发人的经络之气，以达到通经活络、调整人的机能，进而减肥瘦身的目的。

1. 按摩中脘穴：按摩者用全掌顺时针按摩中脘穴（位于人体上腹部，前正中线上，脐上4寸）5分钟。

2. 揉天突穴：按摩者用食指揉天突穴（位于颈部，前正中线胸骨上窝中央）2分钟。

3. 点按丰隆穴：按摩者用大拇指或食指指腹点按丰隆穴（位于外踝尖上8寸，条口穴外1寸，胫骨前嵴外2横指处）2分钟。

PART 5
喝一喝：甜蜜与"享瘦"共赢

相信每个孩子都是无法拒绝零食的诱惑的。为此，爸爸妈妈也会十分苦恼。对于已习惯吃零食的孩子，长期下去就会直接的形成肥胖的发生，儿童在出现肥胖的时候，就会产生营养过剩的表现；那么，爸爸妈妈究竟该如何让自己宝贝吃得开心又营养，还能控制体重呢？选择一杯甜蜜口感的果汁代替高脂高热量的零食，营养又减肥，绝对适合小胖子的口味。

美味蔬果汁助力孩子减肥

如今市面上销售的各类饮料,大多含有色素和防腐剂,且糖分含量很高,对孩子健康极其不利。但因其颜色鲜艳、口感酸甜,往往受到孩子的喜爱。即使在妈妈的百般劝阻下,孩子也难以抗拒这样的"甜蜜"诱惑。

难道孩子真的与饮料无缘?怎样才能减肥解馋两不误?本章特别为肥胖孩子精选部分健康减肥蔬果汁,将日常食材中营养丰富的果蔬制作成可口的纯天然饮料,让肥胖孩子也能享受健康蔬果汁,轻松减去小肥肉。

一、怎么选择蔬果

蔬菜根据含糖量分两类:一类是含糖量小于3%的绿色蔬菜类及西红柿、冬瓜、苦瓜、花菜等;一类是含糖量在4%以上的瓜果及鲜豆类,如豇豆、扁豆、豌豆等。对于肥胖症的儿童来说,应该选择含糖量小于3%的蔬菜,尽量不要摄入含淀粉过高的蔬菜。

水果一般含糖量较高,肥胖儿宜在选择水果的时候,应该选择一些低脂肪、高蛋白的水果,且易产生饱腹感,可以选用一些体积大而热量低的水果,如苹果、柑橘、菠萝等。

二、"甜蜜"蔬果汁

蔬果是人类摄取维生素C和胡萝卜素的主要饮食来源，而且有些水果还含有较多的矿物质及生物类黄酮，对保持健康有益。常给孩子食用新鲜蔬果，能保证摄入充足营养元素，以减少高脂肪食物的摄入，进而有效预防肥胖。此外，常喝果汁对儿童成长也是益处多多。

喝蔬果汁，不但有助于清除儿童体内的有害物质，改善儿童的新陈代谢，还能润滑肠道，促进体内废物的排出；果汁可以改善儿童的机体免疫力，让儿童少生病；常喝蔬果汁有益于儿童的血管和神经系统发育与保健；以蔬果汁代替碳酸饮料，能使儿童的消化系统、泌尿系统和呼吸系统患癌症概率降低。

所以，肥胖儿童不要惧怕喝蔬果汁，在控制总热量的情况下，适当摄入鲜榨的、含糖量低的蔬果汁，对身体各项机能的正常运转都十分有益，且部分具有降脂、减肥作用的蔬果，还能帮助减轻体重。

三、贴心小叮咛

1.肥胖儿童应选用鲜榨的蔬果汁。市场的蔬果汁含大量糖及添加剂，影响身体健康。

2.肥胖儿童饮用果汁，不宜选在饱餐之后，也不能选在睡前；宜选在餐前或者两餐之间，每日的摄入量不宜超过200毫升。

3.蔬果汁中不应添加白糖，可适当加蜂蜜，但应选择早上饮用，以促进排便。

4.蔬果汁不宜加热和弃渣，果渣中的非水溶性纤维素，能促进排便、减轻体重。

5.喝完蔬果汁要漱口，在减肥同时，不能顾此失彼，要防止果酸破坏牙齿。

6.肥胖孩子应科学合理地饮水，不能用蔬果汁替代白开水，否则会影响食欲，造成营养不良。

蔬果汁

不同的蔬菜和水果含有不同的营养成分,每天用不一样的蔬菜和水果做蔬果汁,解馋又减肥,还能保证其他营养的摄入。建议以蔬菜为主,水果为辅,这样榨出来的蔬果汁的糖分不会太高。

菠萝柠檬汁

原料:
菠萝300克,柠檬少许

菠萝中含有的维生素C、磷、蛋白酶等营养成分,具有清暑解渴、补脾胃等功效。过食肉类及油腻食物之后,饮用本品,可以预防小儿脂肪沉积。

做法:
1. 菠萝洗净去皮切成块,然后切条,再切成小块。
2. 洗净的柠檬切条,再切小块。
3. 取榨汁机,选择搅拌刀座组合,倒入切好的菠萝和柠檬。
4. 加入适量纯净水,盖上盖子。
5. 选择"榨汁"功能,榨取果汁。
6. 断电后将果汁滤入杯中即可饮用。

菠萝苹果汁

原料:
菠萝150克,苹果100克

菠萝中的营养成分具有消食、瘦身的效果;而苹果中的矿物质和各种营养成分,也有轻身美容的效果。两者搭配,能有效排除体内多余脂肪,防治小儿肥胖。

做法:
1. 洗净去皮的菠萝切小块。洗好的苹果切成瓣,去核,切成小块,备用。
2. 取榨汁机,选择搅拌刀座组合,倒入切好的菠萝、苹果。加入适量矿泉水。
3. 盖上盖子,选择"榨汁"功能,榨取果汁。
4. 把榨好的果汁倒入杯中即可饮用。

猕猴桃菠萝汁

猕猴桃富含的膳食纤维和果胶,能润滑肠道,减少脂肪吸收;菠萝中含有的菠萝朊酶,能促进消化,预防脂肪沉积。此款果汁适合需要减肥的儿童饮用。

原料:

猕猴桃90克,菠萝100克

做法:

1. 洗净的猕猴桃去皮,去芯,再切瓣,改切成小块。
2. 洗净去皮的菠萝切成小块,备用。
3. 取榨汁机,选择搅拌刀座组合,倒入切好的猕猴桃、菠萝。
4. 倒入适量矿泉水。
5. 盖上盖子,选择"榨汁"功能,开始榨取果汁。
6. 把榨好的果汁倒入杯中即可饮用。

鲜榨菠萝汁

原料：

菠萝270克

菠萝中含有多种有辅助减肥功效的成分：其中的菠萝朊酶能够分解蛋白质，帮助消化；其中的纤维素能增加胃肠蠕动。因此菠萝是肥胖儿童的瘦身佳品。

做法：

1. 洗净的菠萝削去表皮，再切成小丁块。
2. 取榨汁机，选择搅拌刀座组合，放入适量的菠萝块。
3. 选择"榨汁"功能，榨出果汁。
4. 再分次倒入余下的菠萝果肉，继续榨取菠萝汁。
5. 将榨好的菠萝汁装入杯中即成。

雪梨菠萝汁

菠萝中的菠萝朊酶,能够分解脂肪及淀粉,对消食、瘦身有益;雪梨含水量丰富,有利尿之效,能排出体内多余水分。此款饮品能够有效减少小儿发生肥胖的概率。

原料:

雪梨200克,菠萝180克

做法:

1. 把洗净的雪梨切开,去皮,去核,切成小块。
2. 洗净去皮的菠萝切成小块,备用。
3. 取榨汁机,选择搅拌刀座组合,把切好的水果放入榨汁机搅拌杯中。
4. 加适量矿泉水,盖上盖子。
5. 通电后选择"榨汁"功能,榨出果汁。
6. 断电后把榨好的果汁倒入杯中即可饮用。

冬瓜菠萝汁

原料：
冬瓜100克，菠萝90克

菠萝富含膳食纤维；冬瓜含有蛋白质、膳食纤维、维生素E、维生素B_2等营养成分，具有促进消化、增强免疫力等功效，适合肥胖儿童食用。

做法：
1. 将洗净的冬瓜，去除表皮及瓜瓤，然后切成条，再切小块。
2. 将菠萝洗净，去皮，切小块。
3. 取备好的榨汁机，倒入切好的冬瓜、菠萝。
4. 注入适量纯净水，盖好盖子。
5. 选择"榨汁"功能，榨出蔬果汁。
6. 断电后倒出蔬果汁，装入杯中即成。

橙子汁

橙子含有蛋白质、膳食纤维、维生素C、维生素E、苹果酸、钾、钙、镁、铁、磷等营养成分,具有改善小儿便秘、生津止渴、开胃下气和促进消化等功效。

原料:
橙子120克

做法:

1. 橙子先切成瓣,然后去除表皮,再将橙子肉切成小块。
2. 取备好的榨汁机,选择搅拌刀座组合,倒入切好的橙子肉。
3. 注入适量纯净水,至水位线即可,盖好盖子。
4. 选择"榨汁"功能,榨出橙汁。
5. 断电后倒出橙汁,装入杯中即可饮用。

柑橘山楂饮

原料：
柑橘100克，山楂80克

柑橘含有的维生素C及挥发油能增强人体的代谢功能，增强机体免疫力；搭配山楂榨汁饮用，还能健胃消食，防止脂肪在小儿胃肠道堆积。

做法：
1. 将柑橘去皮，果肉分成瓣。
2. 洗净的山楂对半切开，去核，将果肉切成小块。
3. 砂锅中注入适量清水烧开，倒入柑橘、山楂。
4. 盖上盖，用小火煮15分钟，至其析出有效成分。
5. 揭盖，略微搅动片刻。
6. 将柑橘山楂饮盛出，装入碗中即成。

芹菜胡萝卜柑橘汁

柑橘含有橙皮苷、柠檬酸、苹果酸、葡萄糖、维生素等成分，对脾胃不和有一定的作用；搭配胡萝卜榨汁饮用，对提高肥胖症儿童的身体免疫力、辅助减肥有益。

原料：

芹菜70克，胡萝卜100克，柑橘1个

做法：

1. 洗净的芹菜切段，洗好去皮的胡萝卜切条，改切成粒。
2. 柑橘去皮，掰成瓣，去掉橘子络，备用。
3. 取榨汁机，选择搅拌刀座组合，倒入芹菜、胡萝卜、柑橘。加入适量矿泉水。
4. 盖上盖，选择"榨汁"功能，开始榨取蔬果汁。
5. 揭开盖，把榨好的蔬果汁倒入杯中即可饮用。

橘柚汁

原料：

柚子100克，橘子90克

中医认为，减肥食品以健脾、化痰、利水者最佳。柚子含有丰富的矿物质及纤维素，有健脾化痰之效，故是减肥佳品；搭配橘子食用，对小儿减肥效果更佳。

做法：

1. 将洗净的橘子剥取果肉，去除果肉上的橘子络，待用。
2. 洗净的柚子剥取果肉，待用。
3. 取来备好的榨汁机，选择搅拌刀座组合，倒入备好的果肉。
4. 注入适量矿泉水，盖好盖。
5. 通电后选择"榨汁"功能，榨取果汁。
6. 断电后倒出果汁，装入碗中即成。

金橘柠檬苦瓜汁

金橘含有维生素P，能保护维生素C不被破坏，促进维生素C的吸收与利用，辅助儿童提高自身免疫力；搭配柠檬及苦瓜榨汁饮用，减肥瘦身的效果也十分明显。

原料：
金橘200克，苦瓜120克，柠檬片40克

调料：
食粉少许

做法：

1. 锅中注水烧开，撒上食粉，放入苦瓜，煮约半分钟，捞出备用。苦瓜切丁，金橘切小块，备用。
2. 取榨汁机，选择搅拌刀座组合，倒入切好的食材。注入少许矿泉水，通电后选择"榨汁"功能，使食材榨出汁水。
3. 再放入柠檬片，盖好盖，再次选择"榨汁"功能，搅拌至食材混匀。
4. 断电后，倒出榨好的蔬果汁，装入杯中即成。

胡萝卜山楂汁

原料：

胡萝卜80克，鲜山楂50克

胡萝卜富含的胡萝卜素及蛋白质，能提高人体免疫力；山楂中的解脂酶，能促进消化，辅助排除体内废物。此蔬果汁，在减肥的基础上，还能提升儿童抗病能力。

做法：

1. 将洗净的胡萝卜切条形，改切成小丁块，备用。洗好的山楂切开，去除果核，备用。取榨汁机，选择搅拌刀座组合，倒入切好的山楂、胡萝卜。
2. 注入适量温开水，盖上盖，选择"榨汁"功能，榨出蔬果汁。断电后倒出榨好的蔬果汁，装入碗中，待用。
3. 砂锅置火上，倒入蔬果汁，用中火煲煮2分钟至熟。
4. 关火后盛出，滤入杯中，待稍微冷却后即可饮用。

番荔枝木瓜汁

木瓜含有多种氨基酸,尤其以色氨酸和赖氨酸含量最多,具有健脾消食的功效。番荔枝纤维素含量高,能够促进肠胃蠕动,排出宿便,帮助小儿减肥轻身。

做法:

1. 将洗净的木瓜去皮,对半切开,去籽,改切成薄片。
2. 洗好的番荔枝去皮,去籽,切条,改切成小块,备用。
3. 取榨汁机,选择搅拌刀座组合,倒入切好的番荔枝、木瓜,注入少许纯净水。选择"榨汁"功能,榨取果汁。
4. 断电后,倒出榨好的果汁,木瓜汁后即可饮用。

原料:

番荔枝80克,木瓜90克

番石榴西芹汁

原料:
番石榴150克,西芹100克

番石榴是低糖、低热量的食物,且有排毒、促进消化的作用;搭配西芹榨汁饮用,能提高肥胖儿童的机体免疫力,促进消化,达到减肥的目的。

做法:
1. 洗净的西芹切成段;洗好的番石榴对半切开,切成瓣,再切小块,备用。
2. 锅中注入适量清水烧开,放入西芹,焯煮片刻。
3. 将西芹捞出,沥干水分,待用。
4. 取榨汁机,选择搅拌刀座组合,将西芹、番石榴倒入榨汁机中。
5. 倒入适量矿泉水,选择"榨汁"功能,榨取蔬果汁。
6. 把榨好的蔬果汁倒入玻璃杯中即成。

番石榴汁

番石榴所含的糖量低、热量低、脂肪少,且蛋白质、维生素及矿物质含量丰富,有生津止渴、抗病毒、抗氧化的作用,适合肥胖儿童减肥食用。

原料:

番石榴100克

做法:

1. 将洗净去皮的番石榴对半切开,再切成小块,备用。
2. 取来备好的榨汁机,选择搅拌刀座组合,倒入切好的番石榴。
3. 注入适量矿泉水,盖上盖;通电后选择"榨汁"功能。
4. 搅拌一会儿,榨取番石榴汁。
5. 断电后倒出榨好的果汁,装入玻璃杯中即成。

黄瓜苹果酸奶汁

原料：

苹果75克，黄瓜60克，酸奶120毫升

黄瓜中的丙醇二酸等活性成分能抑制糖类转化为脂肪，对排泄系统非常有益；苹果富含纤维素，能促进肠胃蠕动。小儿经常饮用本品，其减肥瘦身效果极佳。

做法：

1. 洗净去皮的黄瓜切小块；苹果洗净取果肉，切小块。
2. 取榨汁机，选择搅拌刀座组合，倒入切好的材料。
3. 注入酸奶，盖好盖子。
4. 选择"榨汁"功能，榨取果汁。
5. 断电后倒出果汁，装入杯中即成。

黄瓜苹果纤体饮

黄瓜与苹果搭配榨取的蔬果汁,具有热量低、糖分低的特点,且含有丰富的膳食纤维,能够促进胃肠蠕动,起到消食、轻身的功效,适合肥胖儿童饮用。

原料:

黄瓜85克,苹果70克,柠檬汁少许

做法:

1. 洗净的黄瓜切小块。
2. 洗净的苹果取果肉,切丁块。
3. 取备好的榨汁机,选择搅拌刀座组合,倒入切好的黄瓜和苹果。
4. 淋入备好的柠檬汁,注入适量纯净水,盖上盖子。
5. 选择"榨汁"功能,榨出蔬果汁。
6. 断电后倒出蔬果汁,装入杯中即成。

黄瓜芹菜雪梨汁

原料：

雪梨120克，黄瓜100克，芹菜60克

黄瓜含有丙醇二酸、纤维素等成分，对抑制糖类转化为脂肪、促进胃肠蠕动非常有效；搭配水分多的雪梨及热量、糖分低的芹菜榨汁，非常适合肥胖儿童饮用。

做法：

1. 将洗净的雪梨去核，再去皮，把果肉切成小块。
2. 洗好的黄瓜切条形，改切成丁。
3. 洗净的芹菜切成段，备用。
4. 取榨汁机，选择搅拌刀座组合，倒入切好的材料。
5. 注入适量矿泉水，盖上盖子，通电后选择"榨汁"功能。
6. 搅拌一会儿，至材料榨出汁水。
7. 断电后倒出蔬果汁，装入杯中即成。

蓝莓雪梨汁

蓝莓所含的果胶能有效清除人体内未消化的食物和肠道有毒物质，不但能够辅助肥胖儿童减肥瘦身，而且还有防癌抗癌的作用，是肥胖儿童的食疗佳品。

原料：

蓝莓70克，雪梨150克，蜂蜜10克

做法：

1. 洗净的雪梨去皮，切成瓣，去核，再切成小块；蓝莓洗净，备用。
2. 取榨汁机，选择搅拌刀座组合，倒入雪梨、蓝莓。加入少许矿泉水。盖上盖，榨取果汁。
3. 揭开盖，加入蜂蜜；再盖上盖，再次搅拌匀。揭盖，把榨好的果汁倒入杯中即成。

雪梨汁

原料：

雪梨270克

雪梨含有苹果酸、柠檬酸、维生素B_1、维生素C、胡萝卜素等营养成分，且含有大量水分，具有润肺、清心、解毒、促进消化等功效，适合肥胖儿童饮用。

做法：

1. 洗净去皮的雪梨切开，去核，把果肉切成小块，备用。
2. 取榨汁机，选择搅拌刀座组合，倒入雪梨块。
3. 注入适量温开水，盖上盖。
4. 选择"榨汁"功能，榨取汁水。
5. 断电后倒出雪梨汁，装入杯中，撇去浮沫即可饮用。

芦荟猕猴桃汁

猕猴桃脂肪含量低,是十分有效的减肥佳品;搭配具有润肠排毒作用的芦荟榨汁饮用,减肥瘦身效果更佳,肥胖儿童可适量饮用此品。

原料:

芦荟100克,猕猴桃100克

做法:

1. 洗净的猕猴桃去皮,然后切成瓣,再切小块。洗好的芦荟切去两侧的叶刺,去皮,切成小块。
2. 取榨汁机,选择搅拌刀座组合,将猕猴桃、芦荟倒入搅拌杯中。倒入适量矿泉水。
3. 盖上盖,选择"榨汁"功能,再选择"开始"按键,榨取果汁。
4. 揭开盖,将榨好的果汁倒入杯中即成。

芦笋西红柿汁

原料：

芦笋50克，西红柿80克，牛奶200毫升

芦笋含有胡萝卜素、膳食纤维、天门冬氨酸、精氨酸等，具有清热解毒、促进消化等功效；搭配西红柿榨汁，减肥瘦身的效果更佳，故适合肥胖儿童饮用。

做法：

1. 洗净去皮的芦笋切成小段，备用。
2. 洗好的西红柿切小瓣，去除果皮，把果肉切成小块。
3. 锅中注入适量清水用大火烧开。
4. 倒入芦笋段，用中火煮约4分钟至熟。
5. 取榨汁机，选择搅拌刀座组合；选择"榨汁"功能，榨取蔬菜汁。
6. 断电后倒出蔬菜汁，装入杯中即成。

西瓜汁

西瓜中含有的瓜氨酸、精氨酸成分,有很好的利尿作用,且西瓜含水量大,小儿食用后排尿量会增加,从而排出体内多余废物,使大便畅通,达到减肥瘦身的目的。

原料:

西瓜400克

做法:

1. 洗净的西瓜,先切成瓣,再去除表皮,取西瓜果肉切成小块。
2. 取备好的榨汁机,选择搅拌刀座组合,放入西瓜。
3. 加入少许矿泉水。
4. 盖上盖,选择"榨汁"功能,再选择"开始"按键,榨取西瓜汁。
5. 断电后,再将榨好的西瓜汁倒入备好的杯子中即可。

西红柿菠菜汁

原料：
西红柿135克，柠檬片30克，菠菜70克

调料：
盐少许

做法：
1. 洗净的菠菜去除根部；洗好的西红柿切小块。
2. 取榨汁机，选择搅拌刀座组合，倒入菠菜段、柠檬片和西红柿块。
3. 倒入适量纯净水，加入盐，盖上榨汁机盖子。
4. 选择"榨汁"功能，榨取蔬果汁。
5. 断电后倒出蔬果汁，装入杯中即成。

西红柿冬瓜橙汁

冬瓜含有的维生素B_1，能阻止食物中的淀粉转化为脂肪，且有助于排出体内过多的水分；搭配西红柿及橙子榨汁饮用，不但能使小儿减轻体重，还能健体强身。

原料：

西红柿100克，冬瓜95克，橙子60克

做法：

1. 去皮洗净的冬瓜切小块；去皮橙子取肉，切小块。
2. 洗净的西红柿切小块。
3. 取榨汁机，选择搅拌刀座组合，倒入切好的食材。
4. 注入适量的凉开水，盖上盖子。
5. 选择"榨汁"功能，榨出汁水，断电后倒出蔬果汁水，滤入杯中即成。

西红柿汁

原料：

西红柿70克

西红柿含有的纤维素能够促进胃肠蠕动，具有润肠通便、消除疲劳的功效。此外，西红柿榨汁饮用，还有提高机体对蛋白质吸收的功效，适合肥胖儿童饮用。

做法：

1. 洗净的西红柿对半切开，去蒂，切厚片，改切成小块，备用。
2. 取榨汁机，选择搅拌刀座组合，倒入西红柿。
3. 注入少许纯净水，盖上盖。
4. 选择"榨汁"功能，再选择"开始"按键，榨取西红柿汁。
5. 断电后倒出榨好的西红柿汁，装入杯中即可饮用。

紫甘蓝包菜汁

紫甘蓝含有胡萝卜素、B族维生素、维生素C、粗纤维等营养物质,可以调节人体的新陈代谢;包菜富含粗纤维,能帮助排便。因此,本品适合肥胖儿童饮用。

原料:

紫甘蓝100克,包菜100克

做法:

1. 洗好的包菜切条,再切成小块。
2. 洗净的紫甘蓝先切成条,再切成小块,备用。
3. 取榨汁机,选择搅拌刀座组合,将切好的包菜放入搅拌杯中。
4. 加入切好的紫甘蓝,倒入适量纯净水。
5. 盖上盖,选择"榨汁"功能,开始榨取蔬菜汁。
6. 将榨好的蔬菜汁倒入杯中即可。

芹菜梨汁

原料：

雪梨150克，芹菜85克，黄瓜100克，生菜65克

生菜富含膳食纤维，对人体的消化系统大有裨益，且对体内多余脂肪也有分解作用。搭配热量低、糖分低的黄瓜、芹菜榨取的蔬果汁，适合减肥期的儿童饮用。

做法：

1. 清洗干净的黄瓜切小块，清洗干净的生菜切小段。
2. 洗净的芹菜切小段；洗好的雪梨取果肉，切小块。
3. 取榨汁机，倒入处理好的食材，选择"榨汁"功能，榨出汁水。
4. 断电后将榨好的蔬果汁滤入杯中即可饮用。

人参果黄瓜汁

人参果是高蛋白、低脂肪、低糖分的食物，符合肥胖儿童的饮食要求；搭配具有抑制糖类转化为脂肪功能的黄瓜榨汁饮用，能有效提高减肥效果。

原料：

人参果100克，黄瓜120克

做法：

1. 洗好的黄瓜对半切开，然后将其切成条，再切丁。
2. 洗净的人参果切开，去皮，再切成小块，备用。
3. 取榨汁机，选择搅拌刀座组合，将切好的黄瓜倒入杯中。
4. 放入人参果，倒入适量纯净水。
5. 盖上盖，选择"榨汁"功能，开始榨取蔬果汁。
6. 揭盖，将榨好的蔬果汁倒杯中即成。